Be Partners
Büromanagement

Bilanzorientierte Finanzbuchhaltung

Lernfeld 6

Autor

Michael Rottmeier

unter Mitarbeit
der Verlagsredaktion

Cornelsen

Bildquellenverzeichnis

S. 10/1: Corbis/Chuck Savage | S. 10/2: iStockimages/Andrew Howe | S. 11: Goetz Wiedenroth, Flensburg (www.wiedenroth-karikatur.de, 2011) | S. 12: Shutterstock/bikerlondon | S. 13: Shutterstock/bikerlondon | S. 14: Shutterstock/Ruslan Kuzmenkov | S. 20: Mauritius Images/Bridge | S. 34: Shutterstock/stable | S. 42: Mauritius Images/image Broker | S. 45: Shutterstock/ikayaki | S. 47: Globus-Grafik | S. 53: Bayerisches Landesamt für Steuern (www.elster.de) | S. 59: picture-alliance/dpa | S. 62: Fotolia/lightwavemedia | S. 65: Shutterstock/sellingpix | S. 69: Shutterstock/Franz Pfluegl | S. 74: Shutterstock/Andrey_Popov | S. 75: Shutterstock/Elzbieta Sekowska | S. 79: Shutterstock/Bobby Scrivener | S. 81: Bundesministerium der Finanzen | S. 86: Shutterstock/Robert Kneschke | S. 88: shutterstock/Ansis Klucis | S. 90: Shutterstock/wavebreakmedia | S. 91: Corbis/2/David Lees/Ocean

Dieses Buch wurde erstellt unter Verwendung von Materialien von Hans-Peter von den Bergen.

Wir weisen darauf hin, dass die im Lehrwerk genannten Unternehmen und Geschäftsvorgänge frei erfunden sind. Ähnlichkeiten mit real existierenden Unternehmen lassen keine Rückschlüsse auf diese zu. Dies gilt auch für die im Lehrwerk genannten Kreditinstitute, Bankleitzahlen und Buchungsvorgänge. Ausschließlich zum Zwecke der Authentizität wurden insoweit existierende Kreditinstitute und Bankleitzahlen verwendet.

Soweit in diesem Lehrwerk Personen fotografisch abgebildet sind und ihnen von der Redaktion fiktive Namen, Berufe, Dialoge und Ähnliches zugeordnet oder diese Personen in bestimmte Kontexte gesetzt werden, dienen diese Zuordnungen und Darstellungen ausschließlich der Veranschaulichung und dem besseren Verständnis des Inhalts.

Sämtliche Personenbezeichnungen in diesem Band (z. B. „Schüler", „Lehrer", „Mediengestalter") gelten selbstverständlich für beide Geschlechter.

Verlagsredaktion: Sabine Schneider
Bildredaktion: Gertha Maly, Joscha Belling
Umschlaggestaltung: Studio SYBERG, Berlin
Technische Umsetzung: zweiband.media, Berlin

Titelfotos: iStockphoto/Vetta Stock Photo/1, Fotolia/goodluz/2, iStockphoto/mediaphotos/3, iStockphoto/Yuri/4

www.cornelsen.de/cbb

Die Webseiten Dritter, deren Internetadressen in diesem Lehrwerk angegeben sind, wurden vor Drucklegung sorgfältig geprüft. Der Verlag übernimmt keine Gewähr für die Aktualität und den Inhalt dieser Seiten oder solcher, die mit ihnen verlinkt sind.

Dieses Werk berücksichtigt die Regeln der reformierten Rechtschreibung und Zeichensetzung. Ausnahmen bilden Originaltexte, bei denen lizenzrechtliche Gründe einer Änderung entgegenstehen.

1. Auflage, 2. Druck 2019

Alle Drucke dieser Auflage sind inhaltlich unverändert und können im Unterricht nebeneinander verwendet werden.

© 2016 Cornelsen Verlag GmbH, Berlin

Druck: Firmengruppe APPL, aprinta Druck, Wemding

ISBN 978-3-06-451299-3

PEFC zertifiziert
Dieses Produkt stammt aus nachhaltig bewirtschafteten Wäldern und kontrollierten Quellen.

www.pefc.de

PEFC/04-32-0928

Liebe Lernende,
liebe Lehrende,

herzlich willkommen zu **Be Partners – Büromanagement** und dem **Lernfeld 6 Wertströme erfassen und beurteilen**.

In diesem Lernfeld werden die vielen betrieblichen Vorgänge und Prozesse näher betrachtet, die täglich in Unternehmen anfallen. Die buchhalterische Dokumentation dieser Vorgänge ist dabei Aufgabe der **Finanzbuchhaltung**, die einen wichtigen Bereich in Unternehmen darstellt.

Die Aufgaben und insbesondere die Funktionsweise der Finanzbuchhaltung werden in diesem Band **bilanzorientiert** dargestellt. Dabei ist die Bilanz der zentrale Ausgangspunkt, von dem z. B. die Buchungsregeln zur Erfassung der betrieblichen Vorgänge abgeleitet werden. Die Darstellung dieser Buchungsregeln sowie auch vieler weiterer Themen erfolgt grundsätzlich anhand von aussagekräftigen und nachvollziehbaren Beispielen.

Am Ende jedes Kapitels finden Sie unter dem Stichwort „Alles klar?" zahlreiche Anwendungs- und Vertiefungsaufgaben. Die Lösungen zu diesen Aufgaben stehen für Lehrende zum **kostenpflichtigen** Download im Webshop des Verlages (cornelsen.de) unter der ISBN 978-3-06-451651-9 bereit.

Zum **kostenlosen** Download stehen darüber hinaus im Webshop bereit

– für Lernende und Lehrende passgenaue Lernsituationen unter der ISBN 978-3-06-451820-9,

– nur für Lehrende die Lösungen zu den Lernsituationen unter der ISBN 978-3-06-451819-3.

Zusätzliches Material (z. B. zum prüfungsrelevanten Thema Bestandsveränderungen) finden Sie im Webcode-Bereich, der zum vorliegenden gedruckten Titel gehört. Rufen Sie in Ihrem Internet-Browser die Adresse cornelsen.de/codes/ auf und geben Sie im Suchfeld den folgenden Webcode ein:

xikike

Viel Erfolg und Spaß beim Arbeiten mit **Be Partners – Büromanagement**!

Autor und Redaktion

Lernfeld 6
Bilanzorientierte Finanzbuchhaltung

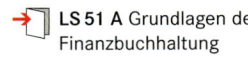

→ LS 55 A Die Umsatzsteuer

→ LS 56 A Typische Beschaffungsbuchungen

→ LS 57 A Typische Absatzbuchungen

→ LS 58 A Privatvorgänge verändern das Eigenkapital

→ LS 59 A Abschreibungen auf das Anlagevermögen

→ LS 60 A Erfolgskonten abschließen, das Geschäftsjahr abschließen

1 Grundlagen der Finanzbuchhaltung

1.1 Geschäftsprozesse und ihre Dokumentationspflicht

Wie jedes andere Unternehmen so stellt die BE Partners KG durch den Einsatz seiner betrieblichen Produktionsmittel[1] verschiedene Güter und Dienstleistungen her und bietet sie auf dem Absatzmarkt ihren Kunden an.

↱ **LS 51 A** Grundlagen der Finanzbuchhaltung

1 Produktionsmittel
→ LF 6, Kap. 1.2

2 Betriebliche Produktionsfaktoren werden auch betriebswirtschaftliche Produktionsfaktoren genannt.
→ FK 1, LF 1, Kap. 3.2

Bevor mit der Produktion begonnen werden kann, müssen entsprechende Produktionsräume geschaffen und die notwendigen Maschinen (Betriebsmittel) angeschafft werden. Die BE Partners KG muss geeignete Mitarbeiter einstellen, die die einzelnen Produktionsschritte durchführen können. Diese Vorgänge sowie auch der Absatz der fertigen Erzeugnisse führen dann zu verschiedenen Zahlungsströmen, z. B. in Form von Kundenzahlungen oder Zahlungen an Lieferanten. Hier hat die Buchhaltung nicht nur die Aufgabe, diese Zahlungsströme zu dokumentieren, sondern sie muss sie auch steuern und überwachen. Treten kurzfristig Zahlungsmittelengpässe auf, so müssen diese z. B. durch Bankkredite überbrückt werden.

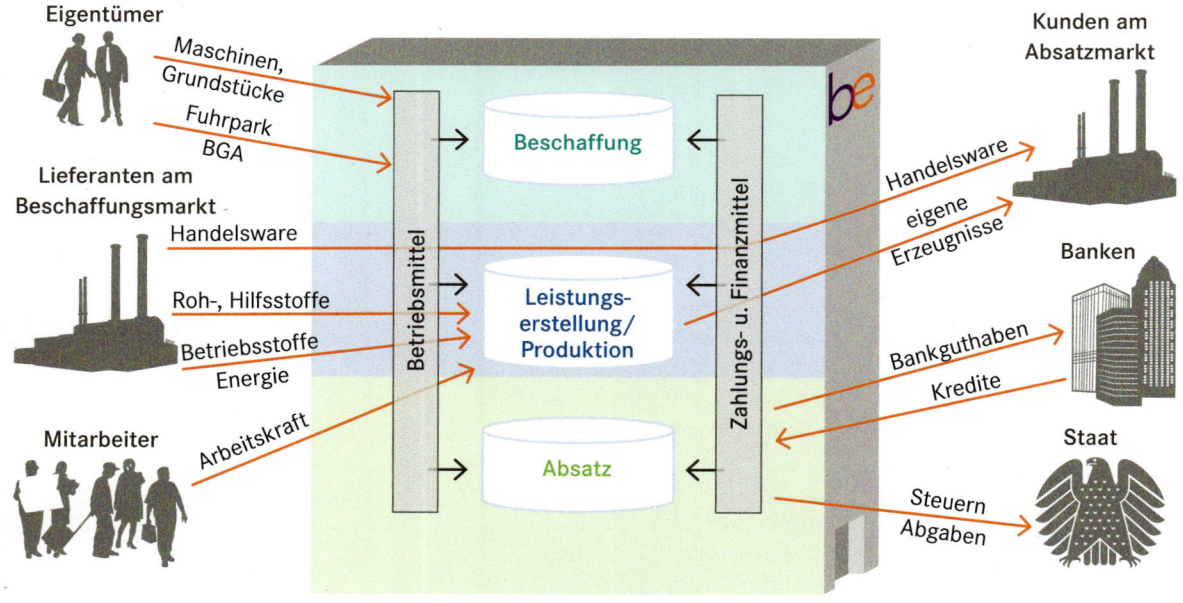

1.1.1 Aufgaben des Rechnungswesens

Diese umfangreichen betrieblichen Vorgänge (auch **Geschäftsvorgänge** oder **Geschäftsprozesse** genannt) werden im Rechnungswesen erfasst und dokumentiert. Dazu gehört die vollständige, richtige, zeitgerechte und geordnete Aufzeichnung aller Geschäftsvorgänge in der **Finanzbuchhaltung**.

Die **Dokumentation** der Geschäftsvorgänge dient der Bereitstellung von **Informationen** für eine Vielzahl von inner- und außerbetrieblichen Interessenten (z. B. Geschäftsleitung, Banken, Staat, Kunden, Mitarbeiter, Öffentlichkeit, usw.). Auf der Grundlage dieser Informationen kann z. B. die Unternehmensleitung **kontrollieren**, ob und in welchem Maße Unternehmensziele erreicht worden sind. Neben der Kontrolle dienen diese Informationen der **Planung** betriebswirtschaftlicher Entscheidungen für die Zukunft. Lieferanten sind z. B. an Informationen zur Kreditwürdigkeit und Zahlungsfähigkeit des Unternehmens interessiert, der Staat benötigt Informationen zur Festlegung der Besteuerung.[1]

> **1 Aufgaben des Rechnungswesens:**
> – Dokumentation
> – Information
> – Kontrolle
> – Planung

1.1.2 Rechtliche Grundlagen des Rechnungswesens

Nicht jedes Unternehmen oder jeder Gewerbetreibende muss eine umfangreiche Dokumentation seiner betrieblichen Prozesse vornehmen. Das HGB verpflichtet nur **Kaufleute**[2] zum Führen von Büchern nach den Grundsätzen ordnungsgemäßer Buchführung (GoB)[3]. Steuerrechtliche Vorschriften der Abgabenordnung (AO) erweitern den Kreis der Buchführungspflichtigen aus Gründen der gerechten Besteuerung. Wer unterhalb der festgelegten Grenzen liegt, muss beim Finanzamt lediglich eine Einnahmen-/Überschussrechnung einreichen.

> **2 Kaufmannsbegriff**
> → FK 1, LF 1, Kap. 3.4
>
> **3 GoB**
> → LF 6, Kap. 4.1

Buchführungspflicht nach HGB § 238[4]	Buchführungspflicht nach AO §§ 140–141
alle Kaufleute gem. HGB:	– alle Kaufleute gem. HGB sowie
– § 1 Istkaufmann	– gewerbliche Unternehmer und Land- und
– § 2 Kannkaufmann[5]	Forstwirte mit einem
– § 3 Land- und Forstwirtschaft;	Jahresumsatz > 600.000,00 € oder
Kannkaufmann[5]	Jahresgewinn > 60.000,00 €
– § 5 Kaufmann kraft Eintragung	– Land- und Forstwirte mit einem
– § 6 Handelsgesellschaften;	Wirtschaftswert > 25.000,00 €
Formkaufmann	

> **4** Gilt seit 2010 nicht mehr für Einzelkaufleute, die unterhalb der Umsatz- und Gewinngrenze nach § 141 AO liegen (§ 241 a HGB).
>
> **5** Eintragung in das Handelsregister notwendig.

1.2 Beschaffung von Ressourcen und Waren

Die in jedem Unternehmen grundsätzlich benötigten Ressourcen (Produktionsmittel) bezeichnet man als **Werkstoffe.** Sie fließen direkt oder indirekt in das hergestellte Endprodukt. Gehen Werkstoffe in das jeweilige Produkt ein, so werden sie nicht immer in ihrer ursprünglichen Form Bestandteil des Endprodukts, sondern werden ganz oder teilweise in ihrer Beschaffenheit verändert.

Rohstoffe[6] sind der Hauptbestandteil eines Endprodukts, wobei für die Einstufung als Rohstoff nicht der Wert (Preis), sondern die tatsächlich benötigte Menge ausschlaggebend ist. Je nach Produktart wird eine unterschiedliche Anzahl von Rohstoffen eingesetzt.

> Einsatz von Produktionsmitteln am Beispiel der Erstellung eines Werbeplakats der BE Partners KG:
>
> **6** Papier auf Rollen

Ein Produkt besteht selten nur aus Rohstoffen. Meistens werden noch weitere Bestandteile oder Materialien benötigt, die aber nur eine geringe Menge des Endprodukts ausmachen. Diese bezeichnet man daher als **Hilfsstoffe**[1].

1 Druckfarbe, Heftklammern, Klebemittel

Diese für ein Produkt wichtigen Roh- und Hilfsstoffe fließen direkt, d. h. unmittelbar, in das fertige Produkt ein. Zusätzlich zu den Werkstoffen setzt ein Unternehmen noch **Betriebsstoffe**[2] ein, die nicht Bestandteil des Produkts werden. Sie werden von den verwendeten Betriebsmitteln (bspw. Maschinen) verbraucht und sind zum Betrieb der Anlagen notwendig oder stellen einen reibungslosen und störungsfreien Produktionsverlauf sicher. Öle (mineralische oder synthetische) zählen als Schmierstoffe deshalb zu den Betriebsstoffen.

2 Öl, Schmiermittel, Benzin

Moderne Produktionsanlagen werden mit Strom oder Luftdruck betrieben, für dessen Erzeugung ebenfalls Strom benötigt wird. Dieser Betriebsstoff wird in der Buchführung als **Energie**[3] bezeichnet.

3 Strom für die Druck- und Stanzmaschinen

Die Einteilung in Roh-, Hilfs- und Betriebsstoffe ist abhängig von der jeweiligen Branche und dem einzelnen Unternehmen. Papier ist bei der BE Partners KG ein Rohstoff, bei einem Automobilhersteller hingegen ein Betriebsstoff. Dort wird Papier hauptsächlich zur Dokumentation von Produktionsprozessen (z. B. Materialverbrauch, -bestellung) oder anderen Geschäftsprozessen (z. B. Kundenaufträge) verwendet. Somit trägt es zu einem reibungslosen Ablauf all dieser Prozesse bei.

Die wenigsten Unternehmen fertigen ihre Produkte komplett selbst. Stattdessen werden die Arbeitsschritte bis zum Endprodukt in aufeinander folgende Produktionsstufen aufgeteilt und diese von verschiedenen Unternehmen im In- und Ausland durchgeführt. In die Produktion fließen dann nicht Roh- und Hilfsstoffe ein, sondern bereits fertige Teilprodukte, sogenannte **Vorprodukte** oder **Fremdbauteile**.[4]

4 Plakataufsteller für das Werbeplakat im Außenbereich

Für den Transport zwischen einzelnen Produktionsstandorten oder zum Händler und Endkunden müssen die Erzeugnisse in **Verpackungsmaterial**[5] eingepackt werden. Dieses dient in erster Linie dem Schutz der Produkte, bietet aber gleichzeitig die Möglichkeit für Werbeaufdrucke.

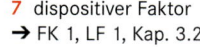

5 Kartonagen, Verpackungsfolie

Trotz einer starken Technisierung und Nutzung der digitalen und technischen Möglichkeiten für die Produktion ist eine der wichtigsten betrieblichen Ressourcen nach wie vor die **menschliche Arbeitskraft**[6] der Mitarbeiter. Diese kann für die Bedienung der Betriebsmittel (z. B. Druckmaschine) ebenso notwendig sein wie für die Erstellung von Dienstleistungen (bspw. Entwurf eines Werbeflyers). Mit der Beschaffung der nach wie vor wichtigsten Ressource „Mensch" beschäftigt sich ein eigener Bereich im Unternehmen: Personalwirtschaft oder -management oder Human Ressource Management (HRM).[7]

6 Arbeitskraft des Druckers, der die Druckvorlage anfertigt und die Maschinen bedient

7 dispositiver Faktor
➜ FK 1, LF 1, Kap. 3.2

Das Leistungsspektrum der BE Partners KG reicht von verschiedenen Dienstleistungen bis hin zu den unterschiedlichsten Druckereierzeugnissen. Zusätzlich vertreibt sie auch Produkte anderer Unternehmen. Dabei handelt es sich um bereits absatzfähige Produkte, die mit geringfügiger oder ohne jegliche Anpassung weiterverkauft werden, die **Handelsware**.

Mein Name ist Bonn, Jam in Bonn!

1.3 Absatzprodukte der BE Partners KG

Je nach Branche fällt die Unternehmensleistung ganz unterschiedlich aus. Wie in der Werbeagentur der BE Partners KG kann es eine reine **Dienstleistung**[1] sein. Es können aber auch „richtige" (d.h. anfassbare) **Produkte**[2] hergestellt werden, die aus Werkstoffen entstehen und einen bestimmten Produktionsprozess durchlaufen. Produkte und Dienstleistungen sind **eigene Erzeugnisse** bzw. **Fertigerzeugnisse** und werden auch als Leistungen bezeichnet.

Zusätzlich zu den selbst erstellten Unternehmensleistungen bieten viele Unternehmen noch fremde Erzeugnisse, sogenannte **Handelsware**[3], an und erweitern damit ihr bestehendes Sortiment mit passenden Produkten. Wie bereits beschrieben, wird Handelsware unverändert oder mit geringfügigen Veränderungen weiterverkauft.[4]

Leistungsspektrum bei der BE Partners KG:

1 Dienstleistungen:
Konzeption einer Marketing-Maßnahme, Gestaltung eines neuen Internetauftritts

2 Produkte:
Prospekte, Werbeflyer

3 Handelsware:
Flaschenöffner mit/ohne individuellem/n Werbeaufdruck

4 Sortimentspolitik
➜ LF 5, Kap. 4

| Rohstoffe Hilfsstoffe Betriebsstoffe Vorprodukte Energie Verpackungsmaterial | Produktion | Eigene Erzeugnisse/ Handelsware | Beschaffung Leistungserstellung Absatz |

1.4 Bezahlung von Beschaffungs- und Absatzvorgängen

Die Absatzgeschäfte am werkseigenen Verkaufskiosk werden bar abgewickelt. Bei den umfangreichen Beschaffungs- und Absatzvorgängen der BE Partners KG ist eine Barzahlung in der Regel nicht durchführbar. Stattdessen werden Rechnungen nach ihrem Eingang durch eine Banküberweisung[5] beglichen.

5 Banküberweisung
➜ FK 1, LF 4, Kap. 8.2.3

Die BE Partners KG gewährt ihren Kunden eine längere Zahlungsfrist und erhält von ihnen hierfür ein **Zahlungsversprechen**. Bis zum Eingang des Rechnungsbetrages hat die BE Partners KG eine **Geldforderung** an diese Kunden. Aus diesem Grund bezeichnet man ein solches Zahlungsversprechen auch als **Forderung aus Lieferung und Leistung** (kurz: Forderung LuL). Bei Bezahlung erlischt die Forderung LuL an den Kunden.

Ähnlich verhält es sich bei Beschaffungsvorgängen der BE Partners KG. In diesem Fall erhält der Lieferant ein **Zahlungsversprechen**. Bis zur Bezahlung hat die BE Partners KG eine **Schuld** gegenüber dem Lieferanten, die man auch als **Verbindlichkeit aus Lieferung und Leistung** (kurz: Verbindlichkeit LuL) bezeichnet.

Merke! Forderung LuL = Zahlungsanspruch an den Kunden, bis zu einem bestimmten Zeitpunkt die offene Rechnung zu bezahlen.
Verbindlichkeit LuL = Zahlungsversprechen gegenüber dem Lieferanten, eine offene Rechnung bis zu einem bestimmten Zeitpunkt zu bezahlen.

Muss der Kunde nicht sofort bezahlen, sondern wird ihm für die Begleichung einer offenen Rechnung eine Zahlungsfrist eingeräumt, spricht man von einer Warenlieferung **auf Ziel**, Lieferung der Waren und Bezahlung fallen zeitlich auseinander.

Neben diesen traditionellen Formen des Rechnungsausgleichs ist die **Girocard-Zahlung**[1] eine weitere Form der bargeldlosen Zahlung. Aus Sicht der Buchhaltung (und natürlich auch des Kunden) gibt es zwei unterschiedliche Varianten:

1 Zahlung mit der **Girocard**
→ FK 1, LF 4, Kap. 8.2.3

Girocard + Unterschrift = Forderung LuL an den Kunden

– Der Kunde quittiert mit seiner Unterschrift auf dem Kassenbon die Richtigkeit des Zahlungsbetrages und ermächtigt damit den Händler, den Geldbetrag von seinem Girokonto mittels Lastschrift abzubuchen. Bis dahin hat der Händler eine Forderung an den Kunden, die als **Forderungen LuL** verbucht wird. Für den Händler besteht das Risiko, dass das Konto des Kunden keine ausreichende Deckung hat und die Forderung somit nicht beglichen werden kann. Mit der Girocard werden die Kontodaten des Kunden in das System des Händlers übertragen.

– Gibt der Kunde bei Bezahlung mit seiner Girocard die persönliche Geheimnummer (PIN) in das Zahlungsgerät ein, erhält der Händler sofort eine Zahlungszusage und damit die Garantie, den Geldbetrag zu erhalten. Deshalb wird hierfür das Konto **Bankguthaben** verwendet.

Girocard + PIN = Bankguthaben

```
            Möglichkeiten,
          Waren zu bezahlen
        ↓                        ↓
  sofortige Zahlung         spätere Zahlung

– Barzahlung (Kasse)      – auf Ziel (Verbindlichkeiten bzw.
– Girocard-Zahlung und       Forderungen)
  Eingabe der PIN         – Girocard-Zahlung und Unterschrift
  (Bankguthaben)            des Kunden (Forderungen)
```

Alles klar?

1 Unterscheiden Sie Roh-, Hilfs-, Betriebsstoffe und Vorprodukte voneinander.

2 Finden Sie Beispiele für Rohstoffe und Vorprodukte bei der BE Partners KG und in Ihrem Ausbildungsunternehmen.

3 Was versteht man unter Werkstoffen?

4 Erläutern Sie, was unter Handelsware zu verstehen ist, und finden Sie geeignete Beispiele bei der BE Partners KG und in Ihrem Ausbildungsunternehmen.

5 Erläutern Sie, weshalb Unternehmen Handelsware anbieten.

6 Erläutern Sie den Begriff Forderungen aus Lieferungen und Leistungen.

7 Erläutern Sie den Begriff Verbindlichkeiten aus Lieferungen und Leistungen.

8 Erläutern Sie, was es bedeutet, eine Lieferung auf Ziel einzukaufen.

9 Nennen Sie verschiedene Formen der Bezahlung, die die BE Partners KG ihren Kunden grundsätzlich anbieten kann.

10 Finden Sie zu den einzelnen Zahlungsformen aus Frage 9 jeweils zwei Vor- und Nachteile aus Sicht der BE Partners KG.

11 Die BE Partners KG gewährt ihren Kunden eine Zahlungsfrist. Nennen Sie mögliche Nachteile.

2 Inventur, Inventar und Bilanz

→ LS 52 A Inventur, Inventar und Bilanz

Am Ende des Geschäftsjahres sind alle Mitarbeiter und besonders die der Buchhaltung der BE Partners KG froh, wenn die Abschlussbestände sowie der Erfolg des Unternehmens ermittelt sind. Obwohl die Dokumentation aller Geschäftsvorgänge sehr gewissenhaft vorgenommen wird, kann es trotzdem immer wieder vorkommen, dass sich Fehler eingeschlichen haben.

Deshalb müssen die Daten der Buchhaltung mindestens einmal jährlich überprüft werden, indem sie mit den tatsächlich vorhandenen Werten abgeglichen werden.

2.1 Die Inventur

Beispiel „125, 126, 127, –" Zugerufene Zahlen hört man in den letzten Wochen immer häufiger an verschiedenen Stellen der BE Partners KG. Gerade im Lager sind die Mitarbeiter besonders intensiv damit beschäftigt, die vorhandenen Vorräte zu überprüfen und festzustellen, wie viel jeweils davon vorhanden ist.

„Müller, für die Inventur haben wir den Stapler. Und hören Sie sofort auf, Kletterhaken ins Papier zu schlagen!"

Eine solche Überprüfung der Lagerbestände wäre eigentlich nicht notwendig. Denn moderne Lagerhaltungssoftware, wie sie bei der BE Partners KG und in vielen anderen Unternehmen zum Einsatz kommt, ermöglicht es jederzeit, die aktuellen Bestände zu ermitteln. Doch eine Frage drängt sich trotzdem auf: Stimmen die Daten aus der Lagerdokumentation auch mit dem tatsächlichen Bestand überein?

Um diese Frage verlässlich beantworten zu können, müssen die Daten aus der EDV (**Sollbestand**) mit den tatsächlich vorhandenen Lagermengen (**Istbestand**) abgeglichen werden. Genaue Vorgaben hierzu macht der Gesetzgeber:

§ 240 HGB Inventar[1]

(1) Jeder Kaufmann hat zu Beginn seines Handelsgewerbes seine Grundstücke, seine Forderungen und Schulden, den Betrag seines baren Geldes sowie seine sonstigen Vermögensgegenstände genau zu verzeichnen und dabei den Wert der einzelnen Vermögensgegenstände und Schulden anzugeben.
(2) Er hat demnächst für den Schluß eines jeden Geschäftsjahres ein solches Inventar aufzustellen. Die Dauer des Geschäftsjahres darf zwölf Monate nicht überschreiten.[...]

[1] **Inventar:** Aufstellung aller bei der Inventur ermittelten Vermögens- und Schuldenwerte → LF 6, Kap. 2.2

Die BE Partners KG muss also **zu Beginn** ihrer Geschäftstätigkeit und **am Ende** eines **jeden Geschäftsjahres[2]** die Istbestände im Lager erfassen. Hierzu gehören neben den Produktionsmaterialien, wie z. B. Roh-, Hilfsstoffe, Vorprodukte auch die selbst hergestellten Erzeugnisse, sofern sie gelagert werden.[3]

[2] Geschäftsjahr → LF 6, Kap. 8

[3] Die eigenen Produkte lassen sich dabei in bereits fertige und somit verkaufsfähige Erzeugnisse (z. B. gedruckte Kataloge und Flyer) sowie in halbfertige Produkte (z. B. gedruckte, aber noch nicht verklebte Katalogbestandteile) einteilen.

Die Erfassung aller Istbestände, man nennt diese Tätigkeit **Inventur**, beschränkt sich aber keinesfalls nur auf das Lager. Die BE Partners KG soll einen Überblick über ihr **gesamtes Vermögen** erstellen. Hierzu zählen somit auch Grundstücke und Gebäude, die Fahrzeuge des Fuhrparks, die vorhandene Büroausstattung, aber auch die noch offenen Forderungen an Kunden, das verfügbare Bankguthaben oder der Bargeldbestand. Neben diesen und vielen anderen Vermögenswerten ermittelt man bei einer Inventur auch die vorhandenen **Schulden** des Unternehmens, also Bankkredite und Verbindlichkeiten gegenüber Lieferanten.

Bei vielen Unternehmen wird die Inventur zu Beginn bzw. am Ende des Geschäftsjahres, also an den beiden Stichtagen 01.01. oder 31.12. in der Form der **Stichtagsinventur** durchgeführt.

Merke! Bei einer Inventur werden die tatsächlich vorhandenen Istwerte von Vermögensgegenständen und Schulden im Unternehmen ermittelt. Dadurch lassen sich die Daten der Buchführung und u. a. der Lagerverwaltung kontrollieren.

2.1.1 Durchführung einer Inventur

Während bei kleinen Betrieben die Inventur von einer oder nur wenigen Personen durchgeführt werden kann, ist dies bei größeren Unternehmen wie der BE Partners KG nicht mehr möglich, ohne zu sehr vom Stichtag abzuweichen. Die Mitarbeiter der einzelnen Abteilungen werden daher in die Inventur einbezogen.

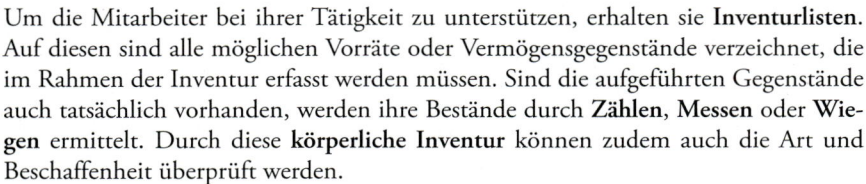

Um die Mitarbeiter bei ihrer Tätigkeit zu unterstützen, erhalten sie **Inventurlisten**. Auf diesen sind alle möglichen Vorräte oder Vermögensgegenstände verzeichnet, die im Rahmen der Inventur erfasst werden müssen. Sind die aufgeführten Gegenstände auch tatsächlich vorhanden, werden ihre Bestände durch **Zählen**, **Messen** oder **Wiegen** ermittelt. Durch diese **körperliche Inventur** können zudem auch die Art und Beschaffenheit überprüft werden.

Die Inventur liefert als Ergebnis Mengen wie z. B. Stück, Kilogramm oder andere Einheiten. Um die Daten allerdings sinnvoll weiter verwenden zu können, werden die Mengen mithilfe der ursprünglichen Einstandspreise bzw. der errechneten Herstellkosten in Euro-Beträge umgerechnet.[1]

1 Wert einer Inventurposition
= Menge · Einstandspreis bzw.
= Menge · Herstellkosten

Bei zähl- oder messbaren Vermögensgegenständen wie den Vorräten lässt sich der Inventurwert relativ einfach ermitteln. Forderungen oder Kreditverbindlichkeiten lassen sich jedoch weder anfassen noch zählen und messen. Um dennoch einen Inventurwert zu erhalten, werden Unterlagen der Buchführung[2] verwendet oder einfach die Endsalden aus den entsprechenden Konten des Hauptbuches[3] ermittelt. Dieses Vorgehen bezeichnet man daher auch als **Buch-** oder **Beleginventur**.

2 Beispiele: Kontoauszüge, Kreditverträge, offene Posten-Listen für Debitoren (Kunden) usw.

3 Hauptbuch
→ LF 6, Kap. 4.3.2

Merke! Eine Inventur liefert vor allem Informationen über Art und Menge von Vermögen und Schulden eines Unternehmens und gibt diese in Euro-Beträgen an.

Exkurs: Zählen und Messen ist doch einfach – worauf bei einer Inventur dennoch geachtet werden sollte

Für die Durchführung einer Inventur gibt es nur sehr wenige gesetzliche Vorschriften. Da sie aber eine wichtige Kontrollmöglichkeit für die Buchführung darstellt, haben sich im Laufe der Zeit bestimmte Prinzipien, die **Grundsätze ordnungsgemäßer Inventur (GoI)**, verbreitet.

Einige der wichtigsten GoI werden im Folgenden kurz dargestellt. Manche von ihnen sind mittlerweile auch in Gesetzesform gefasst.

– Nach dem **Grundsatz der Vollständigkeit**[4] müssen alle vorhandenen Vermögenswerte und Schulden im Unternehmen erfasst werden.

4 § 246 Abs. 1 HGB

- Der **Grundsatz der Richtigkeit**[1] gewährleistet, dass die erfassten Inventurdaten sachlich richtig sind und mit der Realität übereinstimmen. Da sich aber nicht immer die exakten Werte ermitteln lassen, können Schätzungen verwendet werden. Diese müssen aber realitätsnah sein und dürfen nach dem **Grundsatz der Willkürfreiheit** keineswegs beliebig angenommen werden.

1 § 252 Abs. 1 Nr. 3 HGB

- In vielen Unternehmen gibt es oftmals sehr ähnliche Materialien oder Produkte, die aber nicht zusammengefasst dokumentiert werden dürfen. Nach dem **Grundsatz der Klarheit** müssen sie in nachvollziehbarer Weise voneinander getrennt aufgezeichnet werden. Bei der Durchführung der Inventur sind diese Materialien und Produkte außerdem einzeln zu erfassen und mit einem Geldwert zu bewerten (**Grundsatz der Einzelerfassung und -bewertung**).
- Nach dem **Grundsatz der Nachprüfbarkeit** muss eine Inventur so durchgeführt und ihre Ergebnisse müssen so dokumentiert werden, dass sie ein sachverständiger Dritter ohne größere Probleme anhand der Unterlagen nachvollziehen kann.

2.1.2 Vereinfachungen bei der Inventur

Beispiel Heute ist ein besonderer Tag, denn auch die Auszubildenden der BE Partners KG wie Sophie Fischer dürfen bei der diesjährigen Inventur mithelfen. Sophie soll die Kollegen im Lager unterstützen. Doch als sie vor Gitterboxen mit den Heftklammern steht, schwindet die anfängliche Motivation rasch. „Und da soll ich jetzt jede Box durchzählen ...", grummelt sie vor sich hin. „Damit werde ich heute ja nie fertig ..."

Die Istbestände lassen sich in der Praxis für manche Materialien oder Produkte oft nur mit größerer Anstrengung oder erheblichem Aufwand ermitteln. Wenn der Wert solcher Vermögenswerte dann vergleichsweise gering und die Vorratsmenge entsprechend groß ausfällt, erlaubt der Gesetzgeber eine Vereinfachung der Inventur.

§ 241 HGB Inventurvereinfachungsverfahren
(1) Bei der Aufstellung [...] darf der Bestand der Vermögensgegenstände nach Art, Menge und Wert auch mit Hilfe anerkannter mathematisch-statistischer Methoden auf Grund von Stichproben ermittelt werden. [...] Der Aussagewert [...] muß dem Aussagewert eines auf Grund einer körperlichen Bestandsaufnahme aufgestellten Inventars gleichkommen.

Für diese Vorräte darf die BE Partners KG also durch eine **Stichprobeninventur** die tatsächlich vorhandene Menge schätzweise ermitteln. Das Ergebnis muss aber realistisch sein und dem tatsächlichen Istbestand nahekommen.

Beispiel Da die 8 Gitterboxen alle etwa gleich gefüllt sind, zählt Sophie Fischer nur eine dieser Boxen und kommt auf 71 Packungen mit Heftklammern. Damit müssten schätzungsweise für alle Gitterboxen insgesamt 568 Packungen vorhanden sein.[2]

2 Alternativ kann auch eine kleine Menge der Produkte gewogen und über das Gesamtgewicht der Vorratsbestand hochgerechnet werden.

Eine Stichprobeninventur kann in vielen Fällen die Durchführung zwar erheblich vereinfachen und damit beschleunigen. Aber je größer die Lagervorräte oder die Anzahl sonstiger Vermögensgegenstände des Unternehmens sind, umso zeitintensiver wird eine Inventur und kann mehrere Tage oder Wochen dauern.

Um noch eine ordnungsgemäße Inventur zu gewährleisten, sieht der Gesetzgeber bestimmte Vereinfachungen beim Zeitpunkt der Durchführung vor.

– **Ausgeweitete Stichtagsinventur**

Die Inventur kann **bis zu 10 Tage vor oder nach dem Stichtag** erfolgen. Bei besonders von der Witterung abhängigen Lagerbeständen kann dieser Zeitraum noch weiter ausgedehnt werden. Die ermittelten Bestände müssen aber auf den Stichtag zurück- oder vorgerechnet werden.

Stichtag	
(meist 31.12.)	
10 Tage	10 Tage

← **Inventurzeitraum** →

ESt-Richtlinie R 5.3 Nr. 1

> **Beispiel** Die Inventur der Papiervorräte der Sorte XC4 (weiß) wurde bereits fünf Tage früher begonnen und ergab einen Bestand von 8 250 Blatt. Bis zum Inventurstichtag wurden noch weitere 2 675 Blatt davon verbraucht, die vom ermittelten Bestand nun abgezogen werden und so eine Inventurmenge von 5 575 Blatt ergeben.

– **Zeitlich vorverlegte bzw. nachgelagerte Inventur**

Bei sehr umfangreichen Inventuren kann der Zeitraum der Bestandserhebung noch deutlich weiter ausgedehnt werden. So kann die Inventur bereits **bis zu drei Monate vor dem Stichtag** begonnen oder noch **bis zu zwei Monate danach** beendet werden. Allerdings müssen auch in diesem Fall die ermittelten Istbestände auf den Stichtag vor- oder zurückgerechnet werden.

Stichtag	
(meist 31.12.)	
3 Monate	2 Monate

← **Inventurzeitraum** →

§ 241 Abs. 3 Nr. 1 HGB

– **Permanente Inventur**

Bei vielen Waren wird heute der aktuelle Bestand im Lager laufend mithilfe moderner Lagerhaltungsprogramme erfasst und bei Lieferungen oder Entnahmen entsprechend aktualisiert. Daher kann man jederzeit, sozusagen permanent, den aktuellen Istbestand abfragen. Um die Lagerdokumentation jedoch zu überprüfen, muss zu einem beliebigen Zeitpunkt mindestens einmal im Geschäftsjahr eine körperliche Inventur durchgeführt werden.

Stichtag
(meist 31.12.)
während des ganzen Jahres mittels EDV ...

← **Inventurzeitraum** →

§ 241 Abs. 3 Nr. 2 HGB

Bei einer Stichtagsinventur z. B. zum 31.12. beziehen sich die Ergebnisse auf diesen Zeitpunkt. Wurde die Inventur davon abweichend durchgeführt, müssen die ermittelten Bestände trotzdem auf diesen Stichtag fortgeschrieben bzw. zurückgerechnet werden.

Fortschreibung bei einer Inventur vor dem Stichtag:	**Rückrechnung bei einer Inventur nach dem Stichtag:**
Wert bzw. Menge am Inventurtag	Wert bzw. Menge am Inventurtag
+ Wert bzw. Menge der Zugänge bis zum Stichtag	– Wert bzw. Menge der Zugänge ab dem Stichtag
– Wert bzw. Menge der Abgänge bis zum Stichtag	+ Wert bzw. Menge der Abgänge ab dem Stichtag
= Wert bzw. Menge am Stichtag des Geschäftsjahres	= Wert bzw. Menge am Stichtag des Geschäftsjahres

Umfangreiche Inventurarbeiten lassen sich im Rahmen der gesetzlichen Möglichkeiten auf vielfältige Weise vereinfachen. Vor allem **technische Hilfsmittel** wie mobile Scanner helfen beim Erfassen und vereinfachen so die Inventur.

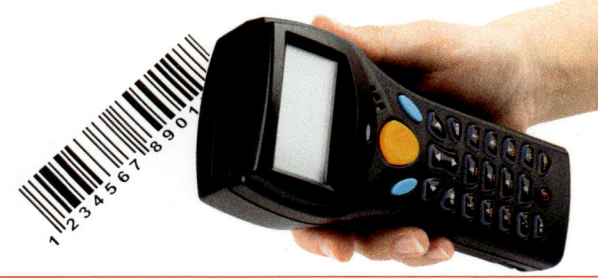

2.1.3 Differenzen bei der Inventur

Beispiel Bei der körperlichen Inventur der Plakataufsteller wurde ein Bestand von 28 Stück ermittelt. Aus den Unterlagen der Buchführung geht jedoch hervor, dass eigentlich noch 30 Plakataufsteller auf Lager sein müssten.

Inventurliste BE Partners KG

Inve

Inventurliste BE Partners KG

Bereich: Handelswaren – Plakataufsteller

Lagervorrat
28 Aufsteller, silber-glänzend, beidseitig beschreibbar
Größe 1 m x 1,5 m (Nutzfläche)
Einstandspreis 95,00 €/Stück
Gesamtwert 2.660,00 €

Im Normalfall stimmen die erhobenen Istbestände mit den Daten aus der Buchhaltung überein. Trotzdem können Abweichungen vorkommen, ohne dass zunächst ein möglicher Grund erkennbar ist[1]. Um den fehlerhaften Sollbestand der Buchhaltung an den tatsächlichen Istbestand anzugleichen, muss eine entsprechende **Korrekturbuchung** durchgeführt werden[2].

2.2 Das Inventar

Beispiel Endlich sind alle Abteilungen mit der diesjährigen Inventur fertig und in der Buchhaltung stapeln sich viele einzelne Inventurlisten. Damit erhalten aber Rolf Bastian und Dörthe Epstein keinen schnellen Überblick über die Bestände der BE Partners KG.

Die einzelnen Inventurlisten sind für einen Gesamtüberblick über die Vermögens- und Schuldenlage der BE Partners KG zu umfangreich und unübersichtlich und werden deshalb in einem **Inventar** (Bestandsverzeichnis) zusammengefasst.

Für die Form eines Inventars gibt es keine gesetzlichen Vorschriften. In der Praxis hat sich jedoch eine **Staffeldarstellung** verbreitet, bei der zunächst das vorhandene Vermögen und danach die Schulden aufgelistet werden.

Ähnliche Positionen im **Vermögensbereich**[3] werden zusammengefasst und weisen einen Gesamtbetrag in Euro aus. Angaben zu Art und Menge der einzelnen Posten können auch in einem separaten Verzeichnis wie den Inventurlisten enthalten sein. Die Reihenfolge der Vermögenswerte folgt dem in der Praxis weit verbreiteten **Prinzip der steigenden Liquidität.** Hierbei stehen Vermögenswerte umso **weiter unten,** je leichter sie sich in **liquide Mittel** wie Bankguthaben oder Bargeld **umwandeln** lassen. Sehr illiquide Werte wie Grundstücke und Gebäude stehen damit ganz oben.

Bei den **Schulden**[4] ist für die BE Partners KG wichtig zu wissen, welche davon sehr bald zurückgezahlt werden müssen und welche erst später. Sie werden daher nach dem **Prinzip der fallenden Fristigkeit** bzw. **steigenden Dringlichkeit** angeordnet. Schulden mit längerfristigen Zahlungszielen (z. B. Bankkredite) stehen oben, während solche mit kurzen Fristen (z. B. Verbindlichkeiten an Lieferanten) am Ende stehen.

Das Inventar liefert damit in verkürzter Form einen Überblick über das vorhandene Vermögen und die Schulden eines Unternehmens zum Stichtag. Allerdings lässt sich noch keine Aussage darüber treffen, wie bedeutsam oder wertvoll das Unternehmen ist, auch wenn zweifelsohne die BE Partners KG für die beiden Eigentümer eine große Bedeutung hat. Eine wirtschaftliche Beurteilung ist möglich, wenn man das vorhandene Vermögen nach Abzug aller offenen Schulden betrachtet, das **Reinvermögen**[5].

1 Gründe für Inventurdifferenzen:
– Schwund bei verderblichen Waren
– Diebstahl oder Unterschlagung durch Mitarbeiter
– bereits zu geringe Liefermenge, falls die Wareneingangskontrolle nicht sorgfältig durchgeführt wurde

2 Korrekturbuchung von Inventurdifferenzen
→ LF 6, Kap. 6.3

3 Das **Vermögen** eines Unternehmens unterteilt sich in Anlage- und Umlaufvermögen. Das Anlagevermögen steht längerfristig zur Verfügung und kann wiederholt eingesetzt werden (z. B. Maschinen, Gebäude, Fuhrpark). Das Umlaufvermögen steht nur kurzfristig bis zum Verbrauch bzw. zur Nutzung zur Verfügung und kann nur einmalig eingesetzt werden. Das Vorratsvermögen ist Teil des Umlaufvermögens und umfasst die Materialien, die im Lager liegenden Werkstoffe für die Produktion sowie die bereits fertigen und halbfertigen Produkte.

4 **Schulden** = Fremdkapital

5 **Reinvermögen** = Eigenkapital

Inventar der BE Partners KG zum 31.12.20XX

A Vermögen

I Anlagevermögen
1. Grundstücke und Gebäude lt. Inventurliste A 1	450.000,00 €
2. Maschinen lt. Inventurliste A 2	377.500,00 €
3. Fuhrpark lt. Inventurliste A 3	95.200,00 €
4. Betriebs- und Geschäftsausstattung lt. Inventurliste A 4	328.250,00 €
5. Finanzanlagen lt. Inventurliste A 5	133.600,00 €

II Umlaufvermögen
1. Rohstoffe lt. Inventurliste A 6	195.600,00 €
2. Hilfsstoffe lt. Inventurliste A 7	37.350,00 €
3. Betriebsstoffe lt. Inventurliste A 8	12.500,00 €
4. Unfertige Erzeugnisse lt. Inventurliste A 9	57.300,00 €
5. Fertige Erzeugnisse lt. Inventurliste A 10	152.700,00 €
6. Handelsware lt. Inventurliste A 11	68.400,00 €
7. Forderungen an Kunden lt. Inventurliste A 12	391.050,00 €
8. Bankguthaben lt. Inventurliste A 13	78.200,00 €
9. Kassenbestand lt. Inventurliste A 14	12.850,00 €
Summe Vermögen	**2.390.500,00 €**

B Schulden
I Langfristige Schulden lt. Inventurliste B 1	432.430,00 €
II Kurzfristige Schulden	
1. Verbindlichkeiten an Lieferanten lt. Inventurliste B 2	162.500,00 €
2. sonstige Verbindlichkeiten lt. Inventurliste B 3	998.000,00 €
Summe Schulden	**1.592.930,00 €**

C Reinvermögen
Vermögen	2.390.500,00 €
Schulden	1.592.930,00 €
Summe Reinvermögen	**797.570,00 €**

Bonn, 31.12.20XX

Bei Auflösung des Unternehmens ist das Reinvermögen der Geldbetrag, den die Eigentümer nach Verkauf aller Vermögenswerte und Bezahlung der Schulden übrig behalten. Wird das Unternehmen als Ganzes verkauft, bestimmt das Reinvermögen auch die Höhe des Kaufpreises, denn mit steigendem Reinvermögen wird ein Unternehmen für Käufer attraktiver.[1]

Das Reinvermögen (Eigenkapital) wird am Ende des Inventars als Differenz von Vermögen und Schulden aufgeführt (Position C).

Beispiel

Summe aller Vermögenswerte	2.390.500,00 €
– Summe aller Schulden	– 1.592.930,00 €
= Reinvermögen bzw. Eigenkapital	= 797.570,00 €

2.3 Die Bilanz

Beispiel Viele Stunden sind nun vergangen, viel Arbeit und Fleiß sind in die Inventur und in die Erstellung des Inventars investiert worden. Doch so umfangreich und detailliert das Inventar auch ist, für viele Analysen und betriebliche Entscheidungen brauchen Rolf Bastian und Dörthe Epstein eine kürzer gefasste Darstellung.

Das Inventar enthält viele Informationen über Art, Menge und Wert von Vermögensgegenständen und Schulden. Es ist damit für eine schnelle Entscheidungsfindung oder auch für die Weitergabe an fremde Personen ungeeignet, zumal es auch viele betriebsinterne Daten enthält. Daher werden bestimmte Informationen gestrichen und ähnliche Positionen zusammengefasst. Auf diese Weise erhält man eine **Bilanz**[2].

§ 242 HGB Pflicht zur Aufstellung

(1) Der Kaufmann hat zu Beginn seines Handelsgewerbes und für den Schluß eines jeden Geschäftsjahrs einen das Verhältnis seines Vermögens und seiner Schulden darstellenden Abschluß (Eröffnungsbilanz, Bilanz) aufzustellen. [...]

Während für ein Inventar nahezu keine Vorgaben existieren, regelt der Gesetzgeber die Gestaltung und Inhalte einer Bilanz sehr detailliert. So muss sie grundsätzlich in **deutscher Sprache** und in **Euro**[3] erstellt werden. Außerdem müssen die **Eigentümer** des Unternehmens die Bilanz mit **Ort und Datum unterschreiben**[4] und damit die Richtigkeit der Daten bestätigen. Bilanzen wie auch Inventare müssen nach ihrer Erstellung mindestens **10 Jahre**[5] aufbewahrt werden und dürfen erst danach vernichtet werden.

Eine Bilanz wird grundsätzlich in Kontenform[6] erstellt und enthält auf der linken Seite, der sogenannten **Aktivseite**, alle **Vermögenspositionen** (**Aktiva**). Diese werden wie im Inventar in Anlage- und Umlaufvermögen unterteilt. Die **Schulden** sowie das **Reinvermögen**, das man in der Bilanz allerdings als **Eigenkapital** bezeichnet, erscheinen auf der rechten Kontenseite, der **Passivseite** (**Passiva**).[7]

1 Liegt der Kaufpreis sogar über dem Reinvermögen, so spricht man in der Praxis von einem **Goodwill**, andernfalls von einem **Badwill**.

2 **Bilanz** = ital. bilancia (Waage)

3 § 244 HGB

4 Unterschriftspflichtig sind nur die persönlich haftenden Gesellschafter, bei der BE Partners KG also nur Rolf Bastian (§ 245 HGB).

5 § 257 Abs. 4 HGB

6 **Konto:** Tabelle mit zwei Spalten

7 § 266 Abs. 1 HGB, § 247 Abs. 1 HGB

Aktiva	Bilanz der BE Partners KG zum 31.12.20XX	Passiva
I Anlagevermögen		Eigenkapital 797.570,00 €
1. Sachanlagen (Grundstücke, Gebäude, Maschinen, Fuhrpark) 922.700,00 €		Langfristige Schulden 432.430,00 €
2. Betriebs- und Geschäftsausstattung 328.250,00 €		Kurzfristige Schulden 1.160.500,00 €
3. Finanzanlagen 133.600,00 €		
II Umlaufvermögen		
1. Roh-, Hilfs-, Betriebsstoffe 245.450,00 €		
2. Unfertige Erzeugnisse 57.300,00 €		
3. Fertige Erzeugnisse 152.700,00 €		
4. Handelsware 68.400,00 €		
5. Forderungen an Kunden 391.050,00 €		
6. Bankguthaben 78.200,00 €		
7. Kassenbestand 12.850,00 €		
2.390.500,00 €		2.390.500,00 €

Bonn, 31.12.20XX   *Rolf Bastian*

Die Aktivseite einer Bilanz gibt Auskunft darüber, **wofür** die finanziellen Mittel des Unternehmens **verwendet** wurden. Die **Herkunft der finanziellen Mittel** und insbesondere die Aufteilung in Eigen- und Fremdkapital ist auf der Passivseite der Bilanz ersichtlich.[1] Auf diese Weise können z. B. Eigenkapitalgeber, Banken, staatliche Institutionen oder auch Mitarbeiter einen schnellen Überblick und Antworten auf wichtige Fragen zum Unternehmen aus der Bilanz erhalten.

[1] **Aktiva**
= Mittelverwendung
= Investition
Passiva
= Mittelherkunft
= Finanzierung

Aktiva	Bilanz	Passiva
Anlagevermögen		Eigenkapital
Umlaufvermögen		Fremdkapital
Verwendung des Kapitals (Mittelverwendung) = Investition		**Beschaffung des Kapitals (Mittelherkunft) = Finanzierung**

Die Bilanz liefert eine weitere wichtige Erkenntnis. Ein Unternehmen kann nur so viel investieren, wie es an finanziellen Mitteln zuvor aufgenommen hat. Auf der anderen Seite wird das gesamte beschaffte Kapital für das Anlage- und/oder Umlaufvermögen verwendet, so dass nichts „übrig bleiben" kann. Die Summe aller Aktiva und die Summe aller Passiva sind deshalb immer identisch.

Merke!	**Summe an Vermögen = Summe an Kapital**
	Aktiva = Passiva
	Investition = Finanzierung

Alles klar?

1 Bei der BE Partners KG wird eine Inventur durchgeführt.

   a) Erläutern Sie, was darunter zu verstehen ist.
   b) Nennen und erläutern Sie verschiedene Ziele, die mit der Durchführung einer Inventur verfolgt werden.

2 Beschreiben Sie, wie in den folgenden Abteilungen der BE Partners KG jeweils die Inventur durchgeführt werden kann.

   a) Lagerabteilung
   b) Personalabteilung
   c) Druckereibereich

3 Zu welchem Zeitpunkt muss eine Inventur grundsätzlich durchgeführt werden? Gehen Sie dabei auch auf die Stichtagsinventur ein.

4 In der Praxis werden häufig sogenannte Inventurlisten eingesetzt. Welchen Zweck erfüllen diese?

5 Unterscheiden Sie die körperliche von der Buch- bzw. Beleginventur. Finden Sie passende Beispiele für die Anwendung der beiden Verfahren bei der BE Partners KG und in Ihrem Ausbildungsbetrieb.

6 a) Nennen und beschreiben Sie verschiedene Grundsätze ordnungsgemäßer Inventur (GoI).
   b) Weshalb ist die Einhaltung solcher Grundsätze grundsätzlich sinnvoll?

7 Welche Probleme können bei der Durchführung einer Inventur auftreten?

8 Der Gesetzgeber erlaubt bei der Durchführung einer Inventur bestimmte Vereinfachungen. Nennen und erläutern Sie diese jeweils durch ein praktisches Beispiel.

9 Welche Ursachen können zu Inventurdifferenzen führen?

10 Was ist zu tun, wenn eine Inventurdifferenz festgestellt wird?

11 Erläutern Sie, was unter einem Inventar zu verstehen ist.

12 Beschreiben Sie den Aufbau eines Inventars und gehen Sie dabei auf die beiden Prinzipien der steigenden Liquidität bzw. fallenden Fristigkeit näher ein.

13 Weshalb haben sich diese beiden Prinzipien bis heute so stark durchgesetzt?

14 Wie kann das sogenannte Reinvermögen ermittelt werden?

15 Welche Bedeutung hat das Reinvermögen für die BE Partners KG?

16 Beschreiben Sie den Aufbau und Inhalt einer Bilanz.

17 Welche Regelungen gelten für die Erstellung einer Bilanz?

18 Grenzen Sie die Begriffe Aktiva und Passiva voneinander ab.

19 Welche Aussagen können aus den Werten der Aktiv- als auch Passivseite einer Bilanz gewonnen werden?

20 Erläutern Sie den folgenden Zusammenhang: Aktiva = Passiva

3 Bestands- und Erfolgskonten

→| **LS 53 A** Erfassen von Wertveränderungen auf Bestands- und Erfolgs-konten

> **Beispiel** Endlich ist Mittagszeit und Tanja Wagner aus der Buchhaltung steht bei Frau Brummer am Kiosk. „Sie sehen ein wenig erschöpft aus, die richtige Zeit für eine Stärkung", meint Frau Brummer. Tanja Wagner seufzt und antwortet, dass zurzeit enorm viel in der Buchhaltung los sei, sich die Lieferanten- und Kundenrechnungen geradezu stapelten und durch den Monatsanfang auch diverse andere Zahlungen für Strom, Telefon, Internet und Versicherungen zu erledigen seien. Sie komme mit der Buchführung gerade so hinterher. „Oh ja, die liebe Buchführung", erwidert Frau Brummer, „da kann ich glücklicherweise nicht so sehr klagen, denn der Aufwand hält sich bei mir in Grenzen ..."

3.1 Wertveränderungen durch Geschäftsprozesse

Bei der BE Partners KG finden täglich viele unterschiedliche Geschäftspro-zesse[1] statt. Jeder dieser Vorgänge beeinflusst die einzelnen Bilanzpositio-nen wie z. B. die Höhe der Verbindlichkeiten aus Lieferungen oder das Bankguthaben. Möchte der Geschäftsführer Rolf Bastian also wissen, wie sich das Vermögen oder das Kapital (Eigenkapital und Schulden) ganz kon-kret verändert haben, muss die Bilanz nach jedem Geschäftsvorfall neu erstellt wer-den. Dabei können folgende Veränderungen auftreten.

1 Die Geschäftsprozesse verändern täglich das Vermö-gen und die Schulden des Unternehmens und werden als **Geschäftsvorfälle** bzw. **-vorgänge** bezeichnet.

1. Verändern wirtschaftliche Vorgänge nur Positionen auf der Aktivseite der Bilanz, sodass einige ihren Wert erhöhen und andere ihn gleichzeitig reduzieren, handelt es sich um einen **Aktivtausch**. Die Bilanzsumme bleibt hierbei **unverändert**.

> **Beispiel** Kauf eines Bürotisches zum Bruttopreis von 125,00 € gegen Barzahlung.

Aktiva	Bilanz (Auszug)		Passiva
...	...		
BGA (Bürotische)	+ 125,00		
Kasse	– 125,00		
...			

2. Bei einem **Passivtausch** sind hingegen nur Positionen der Passivseite betroffen. Auch hier bleibt die Bilanzsumme **unverändert**.

> **Beispiel** Rolf Bastian tätigt eine Privateinlage in Höhe von 4.500,00 €, um eine Sondertil-gung auf einen Bankkredit des Unternehmens zu leisten.[2]

Aktiva	Bilanz (Auszug)	Passiva
...	Eigenkapital	+ 4.500,00
	Bankverbindlichkeiten	– 4.500,00
	...	

3. Bei einer **Aktiv-Passiv-Mehrung** werden Positionen sowohl auf der Aktiv- als auch Passivseite verändert, sodass die Bilanzsumme insgesamt **steigt**.

> **Beispiel** Für die Personalabteilung wird eine neue Büroausstattung im Wert von ins-gesamt 5.650,00 € angeschafft. Die Lieferung erfolgte auf Ziel.

2 Bei diesem Vorgang treten eigentlich zwei Bilanzverände-rungen nacheinander auf: zu-nächst eine Aktiv-Passiv-Meh-rung durch die Privateinlage (Bankguthaben und Eigenkapi-tal steigen). Danach findet eine Aktiv-Passiv-Minderung statt (Bankguthaben und Bankverbindlichkeiten sinken). Das Bankguthaben steigt und sinkt also jeweils um 4.500,00 €. Dadurch ändert sich das Bankguthaben insge-samt überhaupt nicht und es bleiben nur die Änderungen auf der Passivseite.

Aktiva	Bilanz (Auszug)		Passiva
...		...	
BGA	+ 5.650,00	Verbindlichkeiten LuL	+ 5.650,00
...		...	

4. Bei einer **Aktiv-Passiv-Minderung** findet bei Positionen der Aktiv- und Passivseite insgesamt eine Verminderung statt, sodass die Bilanzsumme **sinkt**.

Beispiel Eine noch ausstehende Lieferantenrechnung über 18.340,00 € wird durch Überweisung vom Geschäftskonto beglichen.

Aktiva	Bilanz (Auszug)		Passiva
...		...	
Bankguthaben	– 18.340,00	Verbindlichkeiten LuL	– 18.340,00
...		...	

Werteveränderung	Vermögensveränderung	Kapitalveränderung
1. Aktivtausch	Vermögenstausch	keine
2. Passivtausch	keine	Kapitaltausch
3. Aktiv-Passiv-Mehrung	Vermögen steigt	Kapital steigt
4. Aktiv-Passiv-Minderung	Vermögen sinkt	Kapital sinkt

Merke! Geschäftsvorfälle verändern immer mindestens zwei Positionen in der Bilanz.

3.2 Erfassen von Wertveränderungen auf Bestandskonten

Würde Frau Wagner nach jedem Geschäftsvorfall eine neue Bilanz[1] mit den geänderten Positionen erstellen, hätte sie damit viel zu tun. Zudem wäre dieses Vorgehen keineswegs übersichtlich, denn es ließe sich immer nur der letzte Geschäftsvorfall anhand der veränderten Bilanzpositionen eindeutig nachvollziehen. Aus diesem Grund müssen die Wertveränderungen anders dokumentiert (verbucht) werden. Nur so sind sie über das gesamte Geschäftsjahr hinweg nachvollziehbar.

1 Eine Bilanz wird normalerweise nur am Ende eines Geschäftsjahres erstellt.

3.2.1 Ableitung von Bestandskonten aus der Bilanz

Für jede Bilanzposition wird ein eigenes Konto erstellt. Auf diesem Konto werden der zu Beginn vorhandene Wert der Bilanzposition (**Anfangsbestand**[2]) sowie die laufenden Veränderungen während des Jahres erfasst (gebucht). Da diese Konten von Anfang an über einen Wert bzw. Anfangsbestand verfügen, werden sie als **Bestandskonten** bezeichnet. Steht die jeweilige Bilanzposition auf der Aktivseite der Bilanz, so steht auch der Anfangsbestand in diesem Konto auf der linken Seite. Bei Bilanzpositionen der Passivseite steht der Anfangsbestand dann auf der rechten Kontoseite.

Damit lassen sich die Bilanzpositionen, je nachdem, auf welcher Seite der Bilanz sie zu finden sind, in Konten für das Vermögen (**aktive Bestandskonten**) und Konten für das Kapital (**passive Bestandskonten**) unterscheiden.[3]

2 Anfangsbestand:
Wert einer Bilanzposition zu Beginn des Geschäftsjahres

3 aktive Bestandskonten
= Vermögenskonten
= Anlage- und Umlaufvermögen
passive Bestandskonten
= Kapitalkonten
= Eigen- und Fremdkapital

Anders als in der Bilanz werden die beiden Kontenseiten mit **Soll** (linke Seite, kurz: S) und **Haben** (rechte Seite, kurz: H) bezeichnet.[1]

1 Die Benennung geht bis in die Anfänge der ersten modernen Buchführung im 15. Jahrhundert zurück. Die Sollseite wurde damals für noch ausstehende Forderungen („soll haben") verwendet. Auf der Habenseite wurden bereits gezahlte Forderungen („habe gehabt") erfasst.

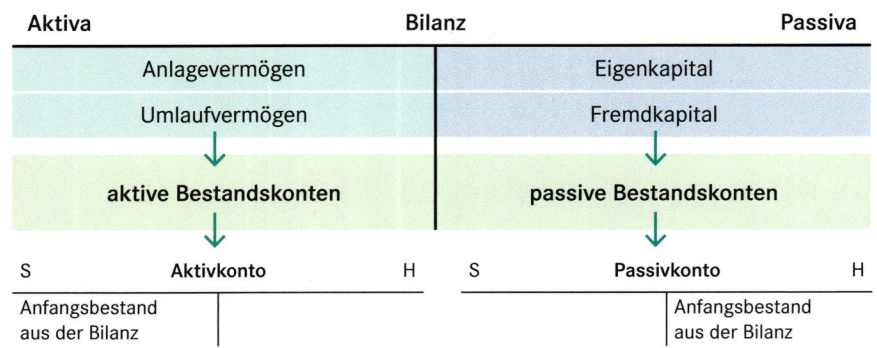

Aktiva	Bilanz	Passiva
Anlagevermögen		Eigenkapital
Umlaufvermögen		Fremdkapital
↓		↓
aktive Bestandskonten		**passive Bestandskonten**

S	Aktivkonto	H		S	Passivkonto	H
Anfangsbestand aus der Bilanz					Anfangsbestand aus der Bilanz	

Aktiva	Bilanz der BE Partners KG zum 31.12.20XX		Passiva
I Anlagevermögen		Eigenkapital	797.570,00 €
1. Sachanlagen (Grundstücke, Gebäude, Maschinen, Fuhrpark)[2]	922.700,00 €	Langfristige Schulden	432.430,00 €
2. Betriebs- und Geschäftsausstattung	328.250,00 €	Kurzfristige Schulden	1.160.500,00 €
3. Finanzanlagen	133.600,00 €		
II Umlaufvermögen			
1. Roh-, Hilfs-, Betriebsstoffe	245.450,00 €		
2. Unfertige Erzeugnisse	57.300,00 €		
3. Fertige Erzeugnisse	152.700,00 €		
4. Handelsware	68.400,00 €		
5. Forderungen an Kunden	391.050,00 €		
6. Bankguthaben	78.200,00 €		
7. Kassenbestand	12.850,00 €		
	2.390.500,00 €		2.390.500,00 €

Bonn, 31.12.20XX *Rolf Bastian*

2 Einige Bilanzpositionen (z. B. Sachanlagen, langfristige und kurzfristige Schulden) fassen mehrere Konten zusammen. Für eine detailliertere Buchführung können diese Bilanzpositionen wieder in einzelne Konten aufgeteilt werden. So können z. B. anstelle des Kontos Sachanlagen die Konten Grundstücke, Maschinen und Fuhrpark eröffnet werden. Die jeweiligen Anfangsbestände ergeben sich dann aus den Aufzeichnungen der Inventur.
→ LF 6, Kap. 2.1

S	Sachanlagen	H		S	Eigenkapital	H
AB	922.700,00				AB	797.570,00

S	Betriebs- und Geschäftsausstattung	H		S	Langfristige Schulden	H
AB	328.250,00				AB	432.430,00

S	Finanzanlagen	H		S	Kurzfristige Schulden	H
AB	133.600,00				AB	1.160.500,00

... | ...

3.2.2 Wertveränderungen während des Geschäftsjahres

Obwohl die täglichen Geschäftsvorfälle bei der BE Partners KG sehr unterschiedlich sein können, verändern sie die betroffenen Bilanzpositionen nur auf zwei mögliche Arten: Entweder führen sie zu einer Erhöhung oder Verringerung des Anfangsbestandes.

Bei einer **Erhöhung (Mehrung**[1]**)** eines Bestandskontos wird der vorhandene Anfangsbestand um einen bestimmten Betrag erhöht. Bei aktiven Bestandskonten (Vermögen) geschieht dies auf der Sollseite. Bei passiven Bestandskonten (Kapital) wird die Mehrung jedoch auf der Habenseite erfasst.

Führt ein Geschäftsvorfall zu einer **Verringerung (Minderung**[2]**)** eines Vermögenskontos, so reduziert sich der Anfangsbestand auf der Habenseite. Bei Kapitalkonten werden Minderungen auf der Sollseite erfasst.

1 Mehrung von Bestands-konten
Aktivkonto → Sollseite
Passivkonto → Habenseite

2 Minderung von Bestands-konten
Aktivkonto → Habenseite
Passivkonto → Sollseite

S	Aktivkonto	H
Anfangsbestand aus der Bilanz	– Minderungen	
+ Mehrungen		

S	Passivkonto	H
– Minderungen	Anfangsbestand aus der Bilanz	
	+ Mehrungen	

> **Beispiel** Für eine kürzlich erhaltene Großlieferung von Druckfarben muss die noch offene Rechnung über 8.560,00 € bezahlt werden. Die entsprechende Überweisung vom Bankkonto wurde heute veranlasst.

S	Aktivkonto (Bankguthaben)	H
AB	78.200,00	Bezahlung 8.560,00

S	Passivkonto (Verbindlichkeiten LuL)	H
Bezahlung	8.560,00	AB 1.160.500,00

3.2.3 Abschluss von Bestandskonten

Am Ende des Geschäftsjahres oder auch nach kürzeren Zeitabschnitten (z. B. Quartal, Halbjahr) können die Bestandskonten abgeschlossen werden. Dabei wird für jede Bilanzposition der vorhandene **Endbestand**[3] ermittelt (z. B. Kontostand auf dem Geschäftsgirokonto, Höhe der noch offenen Verbindlichkeiten).

3 Anfangsbestand
+ Mehrungen
– Minderungen
= **Endbestand**

S	Aktivkonto	H
Anfangsbestand aus der Bilanz	– Minderungen	
+ Mehrungen	Endbestand	

S	Passivkonto	H
– Minderungen	Anfangsbestand aus der Bilanz	
Endbestand	+ Mehrungen	

3.2.4 Von der Eröffnung bis zum Abschluss der Bestandskonten

Sind am Geschäftsjahresende nach der Buchung aller Geschäftsvorfälle die Endbestände aller Bestandskonten (Sollwerte) errechnet worden, werden diese mit den Istwerten der Inventur verglichen und ggf. korrigiert.

In der **Schlussbilanz** werden die Istwerte aller Vermögens- und Kapitalkonten gegenübergestellt. Die aktiven Bestandskonten erscheinen auf der Aktivseite der Schlussbilanz, die passiven Bestandskonten auf der Passivseite. Die Summe der Aktiva muss der Summe der Passiva entsprechen.

Die Eröffnung der Bestandskonten aus der Bilanz erfolgt in der Praxis mit einem Zwischenschritt: Aus technischen Gründen überträgt man die Werte der Bilanz seitenverkehrt in ein sogenanntes **Eröffnungsbilanzkonto** (EBK)[4] mit den Kontenseiten Soll und Haben.

4 Eröffnungsbilanzkonto:
auch Eröffnungsbestands-konto

Auf diese Weise steht z. B. der Anfangsbestand für Kasse auf der Habenseite des EBK und kann dann auf die Sollseite des Kontos Kasse übertragen werden. Damit wird dem Grundsatz der Buchführung Rechnung getragen, dass jeder Buchungsvorgang immer mindestens eine Soll- und eine Habenbuchung enthalten muss.

Die Erfassung aller Geschäftsvorfälle während eines Jahres von der Eröffnungs- bis zur Schlussbilanz erfolgt in neun Arbeitsschritten:

1. Erstellung einer Eröffnungsbilanz (Posten und Werte der Schlussbilanz des letzten Geschäftsjahres)
2. Übertrag der Eröffnungsbilanz in das Eröffnungsbilanzkonto (EBK)
3. Auflösung des Eröffnungsbilanzkontos in Bestandskonten
4. Buchung der Geschäftsvorfälle auf den Bestandskonten
5. Berechnung der Endbestände auf den Bestandskonten (Sollwerte)
6. Abgleich der Sollwerte mit den Istwerten der Inventur, ggf. Korrektur der Sollwerte
7. Übernahme der Endbestände der Bestandskonten in das Schlussbestandskonto (SBK)
8. Übernahme der Istwerte des SBK in die Schlussbilanz
9. Abschluss der Schlussbilanz

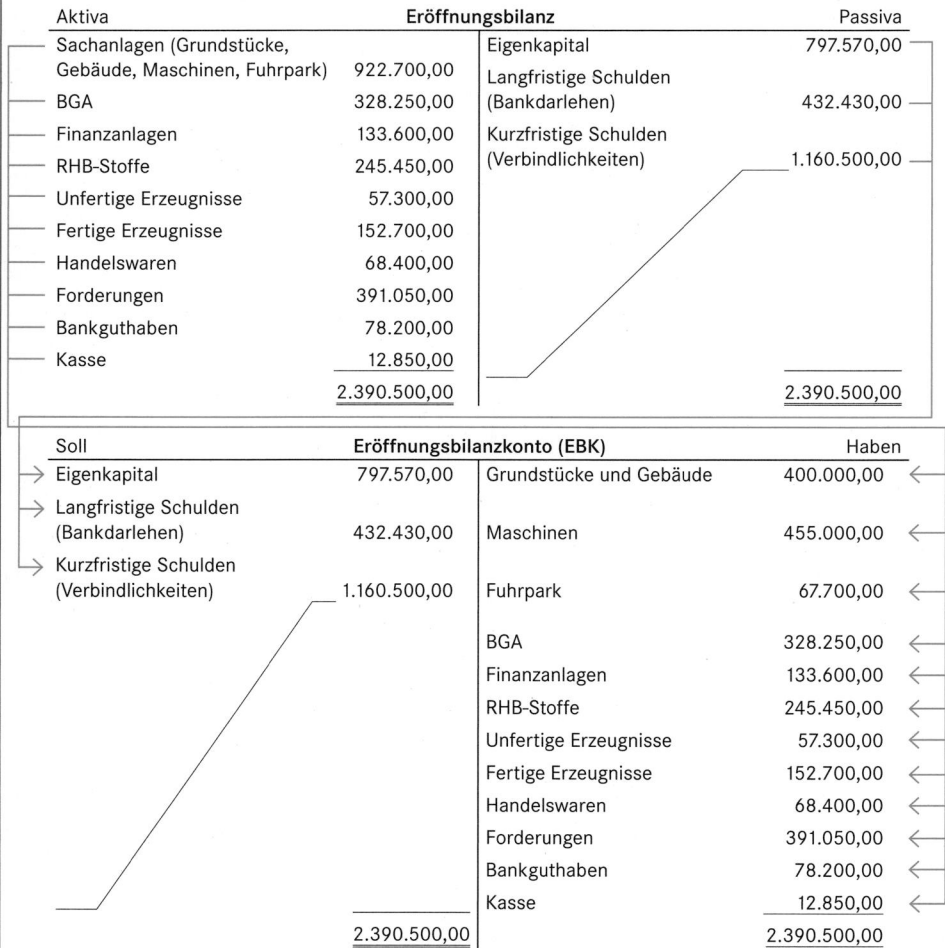

Aktiva	Eröffnungsbilanz		Passiva
Sachanlagen (Grundstücke, Gebäude, Maschinen, Fuhrpark)	922.700,00	Eigenkapital	797.570,00
BGA	328.250,00	Langfristige Schulden (Bankdarlehen)	432.430,00
Finanzanlagen	133.600,00	Kurzfristige Schulden (Verbindlichkeiten)	1.160.500,00
RHB-Stoffe	245.450,00		
Unfertige Erzeugnisse	57.300,00		
Fertige Erzeugnisse	152.700,00		
Handelswaren	68.400,00		
Forderungen	391.050,00		
Bankguthaben	78.200,00		
Kasse	12.850,00		
	2.390.500,00		2.390.500,00

Soll	Eröffnungsbilanzkonto (EBK)		Haben
Eigenkapital	797.570,00	Grundstücke und Gebäude	400.000,00
Langfristige Schulden (Bankdarlehen)	432.430,00	Maschinen	455.000,00
Kurzfristige Schulden (Verbindlichkeiten)	1.160.500,00	Fuhrpark	67.700,00
		BGA	328.250,00
		Finanzanlagen	133.600,00
		RHB-Stoffe	245.450,00
		Unfertige Erzeugnisse	57.300,00
		Fertige Erzeugnisse	152.700,00
		Handelswaren	68.400,00
		Forderungen	391.050,00
		Bankguthaben	78.200,00
		Kasse	12.850,00
	2.390.500,00		2.390.500,00

#	Geschäftsvorfall	Konten und Wertveränderungen		Betrag in €
1)	Kauf eines neuen Lkw-Anhängers durch Überweisung vom Bankkonto	Fuhrpark	Mehrung	21.500,00
		Bankguthaben	Minderung	21.500,00
2)	Ein Kunde überweist seine offene Forderung	Bankguthaben	Mehrung	5.600,00
		Forderung	Minderung	5.600,00
3)	Einkauf von Handelswaren auf Ziel	Handelswaren	Mehrung	10.500,00
		Verbindlichkeiten	Mehrung	10.500,00
4)	Kauf von diversen Bürogeräten (BGA) in bar	BGA	Mehrung	1.560,00
		Kasse	Minderung	1.560,00

S	Grundstücke und Gebäude		H
AB	400.000,00	EB	400.000,00

S	Maschinen		H
AB	455.000,00	EB	455.000,00

S	Fuhrpark		H
AB	67.700,00	EB	89.200,00
1)	21.500,00		
	89.200,00		89.200,00

S	BGA		H
AB	328.250,00	EB	329.810,00
4)	1.560,00		
	329.810,00		329.810,00

S	Finanzanlagen		H
AB	133.600,00	EB	133.600,00

S	RHB-Stoffe		H
AB	245.450,00	EB	245.450,00

S	Unfertige Erzeugnisse		H
AB	57.300,00	EB	57.300,00

S	Fertige Erzeugnisse		H
AB	152.700,00	EB	152.700,00

S	Handelswaren		H
AB	68.400,00	EB	78.900,00
3)	10.500,00		
	78.900,00		78.900,00

S	Forderungen		H
AB	391.050,00	2)	5.600,00
		EB	385.450,00
	391.050,00		391.050,00

S	Bankguthaben		H
AB	78.200,00	1)	21.500,00
2)	5.600,00	EB	62.300,00
	83.800,00		83.800,00

S	Kasse		H
AB	12.850,00	4)	1.560,00
		EB	11.290,00
	12.850,00		12.850,00

S	Eigenkapital		H
EB	797.570,00	AB	797.570,00

S	Lfr. Schulden (Bankdarlehen)		H
EB	432.430,00	AB	432.430,00

S	Kfr. Schulden (Verbindlichkeiten)		H
EB	1.171.000,00	AB	1.160.500,00
		3)	10.500,00
	1.171.000,00		1.171.000,00

Beim Abschluss der Bestandskonten wird ebenfalls ein Zwischenkonto, das sogenannte **Schlussbestandskonto (SBK)**[1] eingeführt. Die Endbestände der Bestandskonten können – wieder nach dem Grundsatz: immer mindestens eine Soll- und eine Habenbuchung – auf dieses Konto übertragen werden. Hierdurch erscheinen die aktiven Bestandskonten auf der Sollseite und die passiven Bestandskonten auf der Habenseite. Das SBK ist damit identisch mit der Schlussbilanz.

1 Schlussbestandskonto auch: Schlussbilanzkonto

Soll	Schlussbestandskonto (SBK)		Haben
Grundstücke und Gebäude	400.000,00	Eigenkapital	797.570,00
Maschinen	455.000,00	Langfristige Schulden (Bankdarlehen)	432.430,00
Fuhrpark	89.200,00		
BGA	329.810,00	Kurzfristige Schulden (Verbindlichkeiten)	1.171.000,00
Finanzanlagen	133.600,00		
RHB-Stoffe	245.450,00		
Unfertige Erzeugnisse	57.300,00		
Fertige Erzeugnisse	152.700,00		
Handelswaren	78.900,00		
Forderungen	385.450,00		
Bankguthaben	62.300,00		
Kasse	11.290,00		
	2.400.100,00		2.400.100,00

Aktiva	Schlussbilanz		Passiva
Sachanlagen (Grundstücke, Gebäude, Maschinen, Fuhrpark)	944.200,00	Eigenkapital	797.570,00
BGA	329.810,00	Langfristige Schulden (Bankdarlehen)	432.430,00
Finanzanlagen	133.600,00		
RHB-Stoffe	245.450,00	Kurzfristige Schulden (Verbindlichkeiten)	1.171.000,00
Unfertige Erzeugnisse	57.300,00		
Fertige Erzeugnisse	152.700,00		
Handelswaren	78.900,00		
Forderungen	385.450,00		
Bankguthaben	62.300,00		
Kasse	11.290,00		
	2.400.100,00		2.400.100,00

3.3 Erfassen von Wertveränderungen auf Erfolgskonten

3.3.1 Aufwands- und Ertragskonten

Viele Geschäftsvorfälle hat Tanja Wagner mittlerweile bearbeitet und einzelnen Bilanzpositionen zugeordnet. Aber nicht für alle Vorgänge konnte eine passende Bilanzposition gefunden werden.

Die BE Partners KG hat Leistungen ...			
von anderen in Anspruch genommen:		**an andere erbracht:**	
Beschaffung und Verwendung von Materialien zur Herstellung der eigenen Produkte und Dienstleistungen	Aufwand für Rohstoffe[1]	Verkauf von eigenen Produkten und Dienstleistungen zum Verkaufspreis	Umsatzerlöse für eigene Erzeugnisse
	Aufwand für Vorprodukte		
Mitarbeiter sind mit Erstellung, Verwaltung und Vertrieb der Produkte und Dienstleistungen beschäftigt usw.	Personalaufwand (Löhne und Gehälter)	Verkauf von Handelswaren	Umsatzerlöse für Handelswaren
...	...	Vermietung nicht genutzter Lagerfläche usw.	Mieterträge
Aufwendungen		**Erträge**	

Für Aufwendungen und Erträge gibt es in der Bilanz keine passenden Positionen. Im Gegensatz zu den Bestandskonten der Bilanz kann z. B. der bezogene elektrische Strom nicht aufbewahrt werden, sondern wird sofort verbraucht. Ähnlich ist es bei den verkauften Waren, die in diesem Moment zu Umsatzerlösen führen und auch nicht weiter aufbewahrt bzw. gelagert werden können.

Ein Großteil der Aufwendungen und Erträge entsteht, wenn die BE Partners KG ihrer Hauptaufgabe nachgeht: der Herstellung der Unternehmensprodukte und Dienstleistungen und deren Verkauf. Können die Waren und Dienstleistungen dabei zu einem höheren Preis verkauft werden, als ihre Herstellung oder ihr Einkauf gekostet hat, übersteigen die Erträge die Aufwendungen und die BE Partners KG erzielt einen **Gewinn**. Es kann aber auch sein, dass mehr Aufwendungen anfallen als im gleichen Zeitraum an Erträgen erwirtschaftet werden konnte. In diesem Fall wurde ein **Verlust** erwirtschaftet.

Rolf Bastian ist als Eigentümer der BE Partners KG für den Erfolg des Unternehmens verantwortlich. Hat er die Geschäfte gut geführt und wurde ein Gewinn erzielt, so steht ihm dieser als Entschädigung für seine Arbeit am Jahresende zu. Wurde hingegen weniger gut gewirtschaftet und ein Verlust erzielt, so muss der Eigentümer diesen ebenfalls tragen. Ein erwirtschafteter Gewinn oder Verlust (allgemein: **Erfolg**[2]) wird mit dem Kapital des Eigentümers verrechnet, d. h., das vorhandene Eigenkapital erhöht sich um einen Gewinn oder sinkt um einen Verlust.

Merke! Einzelne Aufwendungen bzw. ein erwirtschafteter Verlust vermindern das Eigenkapital. Einzelne Erträge bzw. ein erwirtschafteter Gewinn vermehren das Eigenkapital.

[1] Rohstoffe, Hilfsstoffe, Vorprodukte und andere Produktionsmaterialien finden sich auch in der Bilanz wieder. Dort handelt es sich aber um den jeweils im Lager vorhandenen Bestand. Bei Aufwendungen für Rohstoffe handelt es sich um die in der Produktion verwendeten Rohstoffe, d. h. also die Rohstoffe, die verbraucht werden.
→ LF 6, Kap. 6.1.1

[2] **Erfolg**
= Differenz zwischen Ertrag und Aufwand
Gewinn: Aufwand < Ertrag
Verlust: Aufwand > Ertrag

erfolgsneutral bzw. erfolgsunwirksam: Geschäftsvorfall betrifft nur Bestandskonten, z. B. Kauf eines neuen Dienstwagens auf Ziel

erfolgswirksam: Geschäftsvorfall betrifft auch Aufwands- bzw. Ertragskonten, z. B. Kauf von Rohstoffen für die Produktion auf Ziel

3.3.2 Buchung von Aufwendungen und Erträgen

Alle Aufwendungen (Eigenkapitalminderungen) und Erträge (Eigenkapitalmehrungen) könnten nach den Buchungsregeln für passive Bestandskonten direkt auf dem Konto Eigenkapital gebucht werden. Bei einer Vielzahl von erfolgswirksamen Geschäftsvorfällen würde man als Ergebnis allerdings ein sehr unübersichtliches Eigenkapitalkonto erhalten, aus dem die Höhe einzelner Aufwands- und Ertragsarten nicht ersichtlich wäre.

Aus diesem Grund werden sogenannte **Erfolgskonten** als Unterkonten des Eigenkapitalkontos eingerichtet. Alle erfolgswirksamen Geschäftsvorfälle werden darauf nach Aufwands- und Ertragsarten sachlich geordnet erfasst. Dabei müssen Erträge immer im Haben und Aufwendungen immer im Soll gebucht werden. Die Gegenbuchung verändert meist die Werte auf den Bestandskonten. Im Gegensatz zu Bestandskonten haben Erfolgskonten keinen Anfangsbestand.

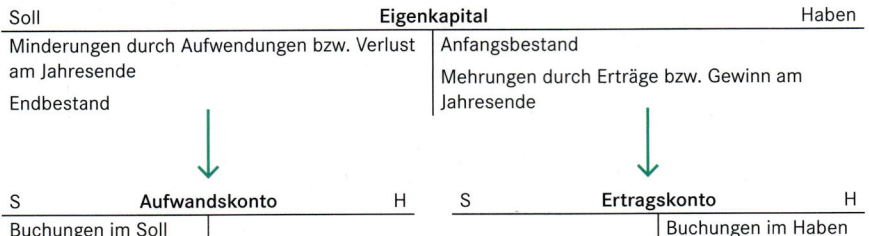

Soll	Eigenkapital	Haben
Minderungen durch Aufwendungen bzw. Verlust am Jahresende	Anfangsbestand	
Endbestand	Mehrungen durch Erträge bzw. Gewinn am Jahresende	

S	Aufwandskonto	H	S	Ertragskonto	H
Buchungen im Soll				Buchungen im Haben	

Nach diesen Buchungsregeln ergeben sich folgende Eintragungen auf den jeweiligen Erfolgskonten[1]:

1 Aus Gründen der Übersichtlichkeit sind auf den Konten nur die Nummern der Geschäftsvorfälle angegeben. Es können aber auch die jeweiligen Gegenkonten hier vermerkt werden.
→ LF 6, Kap. 3.4.3

Geschäftsvorfälle	Betrag in Euro
1) Einkauf von Rohstoffen	5.500,00
2) Einkauf von Vorprodukten	1.850,00
3) Lohnzahlung an Mitarbeiter	28.500,00
4) Verkauf von eigenen Erzeugnissen	31.500,00
5) Verkauf von Handelswaren	18.400,00
6) Vermietung einer Lagerfläche	3.500,00

S	Aufwand für Rohstoffe	H	S	Umsatzerlöse für eigene Erzeugnisse	H
1)	5.500,00			4)	31.500,00

S	Aufwand für Vorprodukte	H	S	Umsatzerlöse für Handelswaren	H
2)	1.850,00			5)	18.400,00

S	Aufwand für Löhne	H	S	Mieterträge	H
3)	28.500,00			6)	3.500,00

3.3.3 Abschluss von Aufwands- und Ertragskonten

Der Abschluss der Erfolgskonten am Geschäftsjahresende erfolgt nicht direkt über das Eigenkapitalkonto. Übersichtlicher ist es, wenn alle Aufwands- und Ertragskonten zunächst auf einem separaten Konto gegenübergestellt werden, um dort den **Erfolg**[1] des Geschäftsjahres zu ermitteln. Diese Gegenüberstellung erfolgt auf dem **Gewinn- und Verlustkonto (GuV)**. Der dort ermittelte Erfolg (Gewinn oder Verlust) wird dann in einer Buchung auf das Eigenkapitalkonto übernommen.

1 Erfolg = Gewinn oder Verlust
→ LF 6, Kap. 8.1.1

S	Aufwand für Rohstoffe		H
1)	5.500,00	GuV	5.500,00

S	Umsatzerlöse für eigene Erzeugnisse		H
GuV	31.500,00	4)	31.500,00

S	Aufwand für Vorprodukte		H
2)	1.850,00	GuV	1.850,00

S	Umsatzerlöse für Handelswaren		H
GuV	18.400,00	5)	18.400,00

S	Aufwand für Löhne		H
3)	28.500,00	GuV	28.500,00

S	Mieterträge		H
GuV	3.500,00	6)	3.500,00

Soll	Gewinn- und Verlustkonto (GuV)		Haben
Aufwand für Rohstoffe	5.500,00	Umsatzerlöse eig. Erzeugnisse	31.500,00
Aufwand für Vorprodukte	1.850,00	Umsatzerlöse Handelswaren	18.400,00
Aufwand für Löhne	28.500,00	Mieterträge	3.500,00
Erfolg (Gewinn)	**17.550,00**		
	53.400,00		53.400,00

Soll	Eigenkapital		Haben
Endbestand	815.120,00	Anfangsbestand	797.570,00
		GuV (Gewinn)	**17.550,00**
	815.120,00		815.120,00

Nachdem der Erfolg (hier: Gewinn) auf das Eigenkapitalkonto übertragen wurde, kann der Endbestand (Saldo) des Eigenkapitals ermittelt werden. Der Saldo des Eigenkapitalkontos wird dann auf das Sammelkonto SBK umgebucht. Somit fließen Aufwendungen und Erträge als Erfolgsbestandteile über das Eigenkapital indirekt in das Schlussbestandskonto mit ein.

3.4 Wertveränderungen als Buchungssatz

Man möchte weder in der Praxis noch im Schulunterricht nach jedem Geschäftsvorfall eine neue Bilanz erstellen oder ständig Eintragungen auf Konten vornehmen. Daher hat sich im Laufe der Zeit eine weitere Form der Dokumentation entwickelt: der **Buchungssatz**.

Merke! Ein Buchungssatz beschreibt eindeutig einen Geschäftsvorfall und nennt alle relevanten Informationen: die betroffenen Konten, die vermindert oder vermehrt werden, sowie die dazugehörigen Geldbeträge.

3.4.1 Der einfache Buchungssatz

Beispiel Den ganzen Tag über hat Tanja Wagner heute schon Lieferantenrechnungen durch Banküberweisung beglichen. Eine letzte Rechnung der Bergischen Papierkontor GmbH über insgesamt 68.540,00 € steht noch aus.

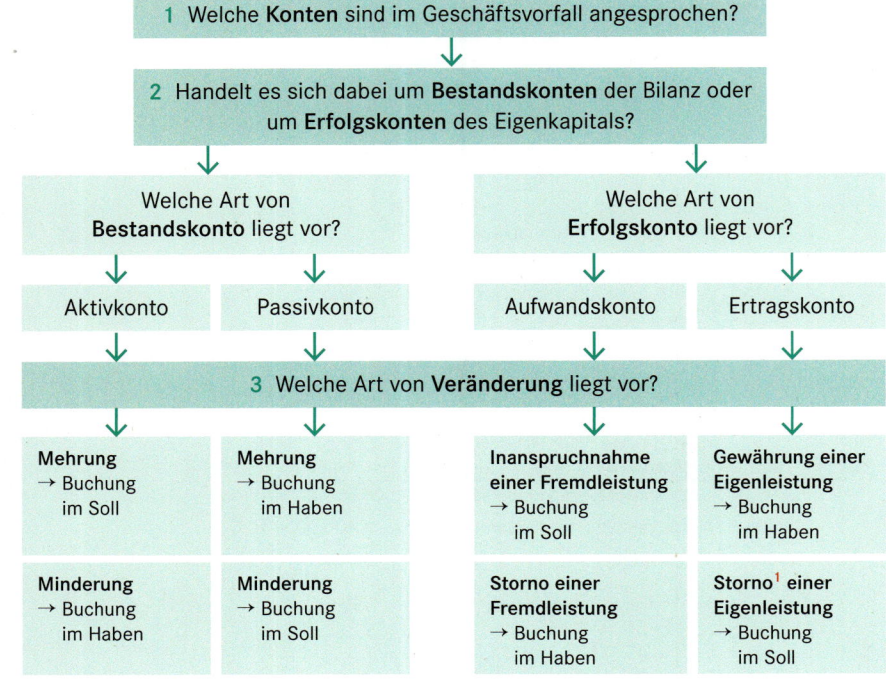

Beispiel

1 Bei dem obigen Geschäftsvorfall sind die Konten **Verbindlichkeiten LuL** (offene Lieferantenrechnung) und **Bankguthaben** (Zahlung durch Überweisung) betroffen.

2 Das Konto Bankguthaben zählt zu den **aktiven Bestandskonten**, das Konto Verbindlichkeiten LuL zu den **passiven Bestandskonten**.

3 Der Bestand des Kontos Verbindlichkeiten LuL verringert sich. Eine **Minderung** führt bei einem passiven Bestandskonto zu einer **Sollbuchung**.

Der Bestand des Kontos Bankguthaben verringert sich ebenfalls. Eine **Minderung** führt bei einem aktiven Bestandskonto zu einer **Habenbuchung**.

1 Mit einer **Stornobuchung** wird die ursprüngliche Buchung aufgehoben (storniert), sodass sie letztendlich nicht mehr existiert. Die ursprüngliche Sollbuchung wird dabei im Haben und die ursprüngliche Habenbuchung im Soll erfasst. Eine Stornobuchung entspricht daher z. B. der Buchung einer Rücksendung von Waren an den Lieferanten oder vom Kunden.
➔ LF 6, 6.1.3 und 6.2.2

Stehen die notwendigen Konten nun fest, kann der Buchungssatz gebildet werden. Links steht das Konto der Sollseite, rechts das Konto der Habenseite jeweils mit dem dazugehörigen Geldbetrag. Um beide Spalten voneinander zu trennen, schreibt man das Wörtchen „an"[2] dazwischen.

2 Gelegentlich verwendet man statt dem Wörtchen „an" auch einen senkrechten Strich, um beide Spalten voneinander zu trennen.

Verbindlichkeiten LuL	68.540,00	an	Bankguthaben	68.540,00

Allgemein sieht ein Buchungssatz folgendermaßen aus:

Konto im Soll	€-Betrag	an	Konto im Haben	€-Betrag

3.4.2 Der zusammengesetzte Buchungssatz

Beispiel Die BE Partners KG bezieht über einen Zwischenhändler Spezialdruckfarben zum Preis von 1.500,00 € sowie besonders geprägtes Papier zum Preis von 2.250,00 €, die sofort in der Druckerei verwendet werden. Die erhaltene Eingangsrechnung weist ein Zahlungsziel von 30 Tagen auf.

Dieser Geschäftsvorfall verändert die Werte von mehr als zwei Konten. Es erfolgt jeweils eine Sollbuchung auf den Konten Aufwand für Rohstoffe (Papier) sowie Aufwand für Hilfsstoffe (Druckfarben), und es muss eine Habenbuchung auf dem Konto Verbindlichkeiten LuL erfasst werden. Dies wird durch einen zusammengesetzten Buchungssatz beschrieben. Die Reihenfolge der Angaben entspricht der des einfachen Buchungssatzes.

| Aufwand für Rohstoffe | 2.250,00 | an | Verbindlichkeiten LuL | 3.750,00 |
| Aufwand für Hilfsstoffe | 1.500,00 | | | |

3.4.3 Buchungssätze auf Konten übertragen

Bei der Übernahme des Buchungssatzes auf die Bestands- oder Erfolgskonten wird die Art der Werteveränderung (Mehrung oder Minderung) durch den Eintrag auf der Soll- oder Habenseite eindeutig festgelegt. Zum Zwecke der Übersichtlichkeit wird jeweils auch das Konto der Gegenbuchung vermerkt.

S	Bankguthaben		H
AB	78.200,00	Verbindlichkeiten LuL	68.540,00

S	Verbindlichkeiten LuL		H
Bankguthaben	68.540,00	AB	1.160.500,00
		Aufwand für Rohstoffe, Aufwand für Hilfsstoffe	3.750,00

S	Aufwand für Rohstoffe	H	S	Aufwand für Hilfsstoffe	H
Verbindlich-keiten LuL	2.250,00		Verbindlich-keiten LuL	1.500,00	

Alles klar?

1 Welche Art von Werteveränderung in der Bilanz liegt bei folgenden Beispielen jeweils vor?

a) Kreditfinanzierter Kauf eines Grundstücks im Wert von 250.000,00 €;

b) Überweisung einer offenen Lieferantenrechnung i. H. v. 4.650,00 €;

c) der Geschäftsführer erhöht sein Eigenkapital um 25.000,00 € durch Überweisung vom Privatkonto;

d) Barverkauf einer nicht mehr gebrauchten Schreibtischgarnitur im Wert von 500,00 €;

e) Wechselgeld aus dem eigenen Verkaufsladen i. H. v. 750,00 € wird auf das Geschäftskonto eingezahlt;

f) ein neuer PC mit Bildschirm, Drucker, Tastatur und Maus im Gesamtwert von 1.250,00 € werden auf Ziel gekauft;

g) auf dem aktuellen Kontoauszug findet sich ein Zahlungseingang über 855,00 € von einem Kunden.

2 „Eine Bilanzveränderung kann sowohl durch eine Kapitalerhöhung als auch durch eine Vermögensreduzierung verursacht werden." Zeigen Sie anhand eines passenden Beispiels, dass diese Aussage falsch ist.

3 Erläutern Sie, weshalb sich der Anfangsbestand bei aktiven Bestandskonten auf der Sollseite befindet, während er bei passiven Konten auf der Habenseite steht.

4 Aus der Buchhaltung liegen Ihnen folgende Anfangsbestände vor: Kasse 2.300,00 €, Bankguthaben 15.235,00 €, BGA 366.665,00 €, Verbindlichkeiten LuL 8.950,00 €, Eigenkapital 450.000,00 €, Forderungen LuL 4.750,00 €, Grundstücke 150.000,00 €, Baudarlehen 50.000,00 €.

Eröffnen Sie diese Bestandskonten. Ergänzen Sie die Geschäftsvorgänge aus Aufgabe 1 und schließen Sie dann die Konten entsprechend ab.

5 Unterscheiden Sie Aufwands- und Ertragskonten anhand passender Beispiele bei der BE Partners KG und in Ihrem Ausbildungsbetrieb.

6 Bei der BE Partners KG beträgt das Eigenkapital zu Beginn des Geschäftsjahres 180.000,00 €. Im Laufe des Jahres liegen folgende Aufwendungen und Erträge vor:

Aufwendungen	€	Erträge	€
Aufwendungen für Roh-stoffe	280.000,00	Umsatzerlöse für Handels-waren	420.500,00
Löhne und Gehälter	134.000,00	Mieterträge	36.000,00
Leasingausgaben	12.600,00	Provisionserträge	56.000,00
Büromaterial	5.680,00	Zinserträge	12.900,00
Postgebühren	960,00		
Versicherungsbeiträge	3.600,00		
Betriebliche Steuern	21.000,00		

a) Ermitteln Sie den Erfolg des Unternehmens.

b) Ermitteln Sie das Eigenkapital am Geschäftsjahresende.

7 Erstellen Sie zu den folgenden Geschäftsvorgängen die Buchungssätze.

a) Für die Mitarbeiter in der Personalabteilung werden neue Tische und Bürostühle angeschafft. Der Gesamtrechnungsbetrag beläuft sich auf 3.800,00 € und wird auf Ziel bezahlt.

b) Eine schon ältere Lieferantenrechnung über 5.600,00 € wird vom Bankgirokonto überwiesen.

c) Die BE Partners KG füllt ihr Lager an Handelswaren auf. Der Lieferwert beträgt 12.450,00 €.

d) Mehrere Kunden haben Handelswaren im Gesamtwert von 2.350,00 € gekauft. Die Hälfte bezahlte bar, die andere Hälfte auf Rechnung.

e) Für die Instandsetzung einer der Fabrikhallen wird ein Darlehen über 25.000,00 € aufgenommen.

f) Die in Aufgabe c) beschafften Waren müssen noch innerhalb der Zahlungsfrist per Banküberweisung bezahlt werden.

g) Die in Aufgabe d) verkauften Handelswaren auf Ziel wurden mittlerweile per Banküberweisung beglichen.

h) Für das aufgenommene Bankdarlehen ist die erste Rate i. H. v. 2.500,00 € fällig. Sie wird vom Geschäftskonto abgebucht.

i) Die Bank bucht ebenso die fälligen Zinsen für das Bankdarlehen i. H. v. 1.750,00 € ab.

8 Finden Sie passende Beispiele für aktive und passive Bestandskonten bei der BE Partners KG als auch in Ihrem Ausbildungsbetrieb.

9 Erläutern Sie, weshalb für Aufwands- und Ertragskonten die gleichen Buchungsregeln wie für das Eigenkapital gelten.

10 Stellen Sie fest, ob durch die folgenden Geschäftsvorfälle das Eigenkapital steigt, sinkt oder unverändert bleibt.

   a) Reparatur am Geschäfts-Pkw
   b) Verkauf fertiger Erzeugnisse
   c) Zinsgutschrift der Bank
   d) Leasinggebühr für einen Lkw
   e) Kauf einer Maschine
   f) Verkauf von Handelswaren
   g) Zinszahlung an die Bank
   h) Einkauf von Büromaterial
   i) Kauf von Briefmarken
   j) Lohn- und Gehaltszahlungen
   k) Verbrauch von Rohstoffen
   l) Darlehenstilgung
   m) Kfz-Steuerzahlung
   n) Überweisung eines Kunden

11 Formulieren Sie zu den folgenden Buchungssätzen die passenden Geschäftsvorgänge.

a)	Zinsaufwand	785,00	an	Bankguthaben	785,00
b)	Bankdarlehen	15.000,00	an	Bankguthaben	15.000,00
c)	BGA	1.750,00	an	Verbindlichkeiten LuL	1.750,00
d)	Umsatzerlöse Handelswaren	2.030,00	an	Forderungen LuL	2.030,00
e)	Gewerbesteuer	4.100,00	an	Bankguthaben	4.100,00

4 Organisation der Buchführung

 **LS 54 A** Organisation der Buchführung

Beispiel Bei der BE Partners KG vergeht kein Tag, an dem nicht jede Menge Belege anfallen. Ob es nun Eingangsrechnungen von Lieferanten oder Rechnungen an Kunden sind, die Mitarbeiter in der Abteilung Buchhaltung sind ständig mit der Bearbeitung dieser Belege beschäftigt.

Die Kernaufgabe der BE Partners KG besteht in der Herstellung unterschiedlicher Produkte und Dienstleistungen. Die Beschaffung der für die Produktion notwendigen Ressourcen und der Absatz der damit erstellten Leistungen lösen wirtschaftliche Vorgänge aus. Jedem dieser Geschäftsvorgänge liegen Belege, oft mehrere, zugrunde, wie z. B. Lieferscheine und Eingangs- oder Ausgangsrechnungen. Um heute und vor allem auch zukünftig den Überblick zu behalten, ist jedes Unternehmen zur Dokumentation dieser Geschäfte verpflichtet.[1]

1 Gesetzliche Dokumentationspflicht (§ 238 Abs. 1 HGB, § 140 AO)

4.1 Grundsätze ordnungsmäßiger Buchführung (GoB)

§ 238 Abs. 1 HGB
Jeder Kaufmann ist verpflichtet, Bücher zu führen und in diesen seine Handelsgeschäfte[2] [...] ersichtlich zu machen. [...]

2 Handelsgeschäfte: Beschaffungs- oder Absatzvorgänge eines Unternehmens (§ 343 Abs. 1 HGB)

Ist ein Unternehmen verpflichtet, Bücher zu führen, so muss diese Buchführung so beschaffen sein, dass sie einem **sachverständigen Dritten innerhalb angemessener Zeit einen Überblick über die Geschäftsvorfälle und über die Lage des Unternehmens** vermitteln kann[3]. Dabei müssen sich die Geschäftsvorfälle in ihrer Entstehung und Abwicklung verfolgen lassen[4].

3 §§ 238 (1) HGB; 145 (1) AO

4 Folgen einer nicht ordnungsmäßigen Buchführung:
– Buchführung verliert an Beweiskraft (§ 158 AO)
– Schätzung der Bemessungsgrundlagen für die Steuerberechnung, z. B. für den Gewinn (§ 162 AO)
– bei Insolvenz evtl. Freiheits- oder Geldstrafe (§ 283 b StGB)

Anforderungen	Bedeutung
Sachverständiger Dritter	Steuerberater, Wirtschaftsprüfer, Betriebsprüfer des Finanzamtes usw.
muss in angemessener Zeit	abhängig von der Größe des Unternehmens und damit vom Umfang der Buchführung
einen Überblick über die Geschäftsvorfälle	vollständige, richtige, zeitgerechte und geordnete Aufzeichnungen und Aufbewahrung der zu Grunde liegenden Belege
und über die Lage des Unternehmens erhalten können.	Vermögenslage, Ertragslage, Finanzlage

Die Buchführungspraxis, Gesetze (insbesondere HGB und AO) und die fortlaufende Rechtsprechung (z. B. Bundesfinanzhof) haben in der Vergangenheit eine Vielzahl von Regelungen getroffen, die Einfluss auf die Buchführung und deren Organisation haben. Aus diesen „Grundsätzen ordnungsmäßiger Buchführung" ergibt sich allgemein, dass die Buchführung **wahr** und **klar** sein muss.[5]

5 § 146 AO; § 239 HGB

Grundsätze ordnungsmäßiger Buchführung (GoB) gemäß HGB/AO	
Vollständigkeit	Kein Geschäftsvorfall darf in der Buchführung unberücksichtigt bleiben.
Richtigkeit	Jede Buchung muss wahrheitsgemäß erfolgen.
zeitgerecht	Die Buchung muss in angemessener Zeit nach dem Geschäftsvorfall erfolgen; Kasseneinnahmen und -ausgaben sollen täglich erfasst werden.
geordnet	Geschäftsvorfälle sind zeitlich fortlaufend zu erfassen; sachliche Zuordnung auf Konten und geordnete Ablage der Belege.
Belegprinzip	Für jede Buchung muss ein Beleg vorhanden sein.
Sprache, Währung	Handelsbücher und Aufzeichnungen in lebender Sprache; Abkürzungen, Ziffern, Buchstaben oder Symbole nur mit eindeutig festgelegter Bedeutung; Jahresabschluss in deutscher Sprache und in Euro.
Berichtigungen	Eintragungen oder Aufzeichnungen dürfen nicht in einer Weise verändert werden, dass der ursprüngliche Inhalt nicht mehr feststellbar ist (keine Bleistifteintragungen, kein Tipp-Ex, Radieren, Überschreiben, Löschen von Datenträgern usw.).
Aufbewahrungspflicht	Unterlagen der Buchführung müssen aufbewahrt werden.

4.2 Kontenrahmen und Kontenplan

Beispiel Tüley Öztürk ist seit Kurzem in der Buchhaltung bei Frau Wagner. Sie konnte sich von Anfang an schon für die Vorgänge hier begeistern und darf daher seit heute bei der Vorkontierung der Belege tatkräftig unterstützen.
Einige Zeit später und viele Belege noch vor sich, macht Tüley eine Pause und meint zu Frau Wagner: „Puh, das ist doch eine ganze Menge Arbeit, dieses Vorkontieren. Und dieses viele Schreiben …". Als sich Frau Wagner zu ihr wendet und einen kurzen Blick auf das bisherige Ergebnis wirft, erwidert sie nur: „Tüley, du machst dir ja wirklich viel Arbeit damit, aber es reicht völlig, wenn du nur die Kontonummern aufschreibst." Mit fragendem Blick antwortet sie: „Äh Kontonummern? Aber was meinen Sie damit genau, Frau Wagner?"

Bei der BE Partners KG finden täglich viele Geschäftsvorgänge statt. Um diese Arbeitsmenge in der Buchhaltung auch bewältigen zu können, kann bei der Vorkontierung nicht jedes Mal die vollständige Bezeichnung für Bankguthaben, Verbindlichkeiten LuL, Aufwendungen für Rohstoffe usw. auf den Belegen notiert werden. In der Praxis hat sich aus diesem Grund bereits vor vielen Jahrzehnten ein einfaches System entwickelt, bei dem die Namen der Konten durch eine meist vierstellige Nummer, die sogenannte **Kontonummer**, ersetzt werden. Alle möglichen Kontonummern bilden zusammen den **Kontenrahmen**.

Durch die Kontonummern können die vielen Konten in einzelne Gruppen und diese wiederum in Untergruppen usw. zusammengefasst werden:

2800 Bankguthaben
0840 Fuhrpark
4400 Verbindlichkeiten LuL

Beispiel 0 8 4 0 Fuhrpark
    0 **Kontenklasse:** Anlagevermögen, d. h. Sachanlagen
    _8 **Kontengruppe:** Anlagen, Betriebs- und Geschäftsausstattung
    __4 **Kontenart:** Fuhrpark
    ___0 **Kontenunterart:** zur weiteren Differenzierung verschiedener Fahrzeuge

Jede Branche hat ihre eigenen Besonderheiten z. B. in der Produktion von Gütern oder Dienstleistungen oder dem Absatz von Produkten. Um dies auch im Kontenrahmen zu berücksichtigen, haben sich branchenspezifische Varianten[1] entwickelt. Durch eine einheitliche Vergabe dieser Kontonummern können einerseits Zahlenvergleiche innerhalb eines Unternehmens über mehrere Jahre hinweg leichter durchgeführt werden. Andererseits können auch innerhalb der Branche Entwicklungen einfacher miteinander verglichen werden.

[1] Kontenrahmen für den Einzelhandel, Groß- und Außenhandel, Industrie, Banken, Krankenhäuser usw.

Die BE Partners KG verwendet grundsätzlich den Kontenrahmen für den Industriebereich (Industriekontenrahmen, kurz: IKR), da er alle wichtigen Konten bereits enthält. Im Absatzbereich musste die BE Partners KG allerdings das ein oder andere Konto ergänzen, um jeden Geschäftsvorgang richtig dokumentieren zu können. Einige Konten im Anlagevermögen wurden herausgestrichen, da sie bislang noch nie benötigt wurden. Dieser individuell angepasste Kontenrahmen wird auch als **Kontenplan** bezeichnet.

Um einen Überblick im Kontenrahmen bzw. -plan zu erhalten, werden die Konten in gleichartige Gruppen, die **Kontenklassen**, zusammengefasst. Auf diese Weise ergeben sich folgende Kontenklassen:

Kontenklasse	Beispiele
0 Anlagevermögen > Sachanlagen	Grundstücke und Gebäude, Maschinen, Fuhrpark, Betriebs- und Geschäftsausstattung, …
1 Anlagevermögen > Finanzanlagen	Wertpapiere, …
2 Umlaufvermögen	Vorräte (Roh-, Hilfs-, Betriebsstoffe, Vorprodukte usw.), Forderungen LuL, Bankguthaben, Kasse, …
3 Eigenkapital	Kapital der Eigentümer der BE Partners KG
4 Verbindlichkeiten	Verbindlichkeiten LuL, …
5 Erträge	Umsatzerlöse für eigene Erzeugnisse und Handelsware, Mieterträge, Zinserträge, …
6 Aufwendungen	Aufwand für Roh-, Hilfs-, Betriebsstoffe, Vorprodukte, Energie, Mietaufwand, …
7 weitere Aufwendungen	Zinsaufwand, Gewerbesteuer, Kfz-Steuer, …
8 Jahresabschluss	Eröffnungs- und Schlussbestandskonto[2], Gewinn- und Verlustkonto

[2] Diese Konten werden häufig auch als Eröffnungs- und Schlussbilanzkonto bezeichnet.

Mit diesen Kontenklassen lassen sich alle Geschäftsvorgänge in der Buchhaltung dokumentieren, die gewöhnlich bei der BE Partners KG anfallen. Am Ende eines (Geschäfts-)Jahres werden noch Konten einer weiteren Kontenklasse **8** benötigt, um die Höhe des erwirtschafteten Gewinns[3] und die noch vorhandenen Vermögenswerte oder Schulden ermitteln zu können.

[3] Jahresabschluss → LF 6, Kap. 8.1

In manchen Unternehmen wird auch für die innerbetriebliche Kosten- und Leistungsrechnung[4] eine eigene Kontenklasse **9** geführt, die somit den Kontenrahmen auf insgesamt 10 Kontenklassen erweitert.

[4] Mit der Kosten- und Leistungsrechnung beschäftigen Sie sich in Lernfeld 10.

Kontenplan der BE Partners KG

Kontenklasse 0
Unternehmensbereich: Anlagevermögen
Bilanzposition: Anlagevermögen

Sachanlagen
0500 Unbebaute Grundstücke
0510 Bebaute Grundstücke
0530 Betriebsgebäude
0540 Verwaltungsgebäude
0700 Technische Anlagen und Maschinen
0710 Anlagen der Materiallagerung und -bereitstellung
0750 Transportanlagen und -maschinen
0760 Verpackungsanlagen und -maschinen
0790 Geringwertige Anlagen und Maschinen
079x Geringwertige Anlagen und Maschinen (Sammelposten; x = Geschäftsjahr)
0830 Lager- und Transporteinrichtungen
0840 Fuhrpark
0850 Betriebs- und Geschäftsausstattung
0860 Büromaschinen, Organisationsmittel und Kommunikationsanlagen
0870 Sonstige Geschäftsausstattung
0890 Geringwertige Vermögensgegenstände der Betriebs- und Geschäftsausstattung
089x Geringwertige Vermögensgegenstände der Betriebs- und Geschäftsausstattung (Sammelposten; x = Geschäftsjahr)

Kontenklasse 1
Unternehmensbereich: Anlagevermögen
Bilanzposition: Anlagevermögen

Finanzanlagen
1500 Wertpapiere des Anlagevermögens

Kontenklasse 2
Unternehmensbereich: Umlaufvermögen
Bilanzposition: Umlaufvermögen

Forderungen und Sonstige Vermögensgegenstände
2400 Forderungen aus Lieferungen und Leistungen
2600 Vorsteuer (voller Steuersatz)
2610 Vorsteuer (ermäßigter Steuersatz)
2630 Sonst. Forderungen an Finanzbehörden
2640 SV-Beitragsvorauszahlung
2650 Forderungen an Mitarbeiter
2700 Wertpapiere des Umlaufvermögens
2800 Guthaben bei Kreditinstituten (Bank)
2880 Kasse

Kontenklasse 3
Unternehmensbereich: Finanzmittel
Bilanzposition: Eigenkapital

Eigenkapital
3000 Eigenkapital
3001 Privatkonto

Kontenklasse 4
Unternehmensbereich: Finanzmittel
Bilanzposition: Verbindlichkeiten

Verbindlichkeiten
4200 Kurzfristige Bankverbindlichkeiten
4250 Langfristige Bankverbindlichkeiten
4400 Verbindlichkeiten aus Lieferungen und Leistungen
4800 Umsatzsteuer (voller Steuersatz)
4810 Umsatzsteuer (ermäßigter Steuersatz)
4830 Verbindlichkeiten gegenüber Finanzbehörden
4860 Verbindlichkeiten aus vermögenswirksamen Leistungen

Kontenklasse 5
Unternehmensbereich: Leistungsbereich (Output)
GuV-Position: Erträge

Umsatzerlöse für eigene Erzeugnisse und andere Leistungen
5000 Umsatzerlöse für eigene Erzeugnisse und DL
5001 Erlösberichtigungen
5100 Umsatzerlöse für Handelsware
5101 Erlösberichtigungen

Sonstige betriebliche Erträge
5400 Nebenerlöse aus Vermietung und Verpachtung
5420 Entnahme (Eigenverbrauch)

Erträge aus anderen Finanzanlagen
5710 Zinserträge

Kontenklasse 6
Unternehmensbereich: Leistungsbereich (Input)
GuV-Position: Aufwendungen

Materialaufwand
6000 Aufwendungen für Rohstoffe (Fertigungsmaterial)
6002 Nachlässe
6010 Aufwendungen für Vorprodukte
6012 Nachlässe
6020 Aufwendungen für Hilfsstoffe
6022 Nachlässe
6030 Aufwendungen für Betriebsstoffe
6032 Nachlässe
6040 Aufwendungen für Verpackungsmaterial
6042 Nachlässe
6050 Aufwendungen für Energie
6052 Nachlässe
6060 Aufwendungen für Reparaturmaterial
6062 Nachlässe
6070 Aufwendungen für sonstiges Material
6072 Nachlässe
6080 Aufwendungen für Waren (Handelsware)
6082 Nachlässe
6100 Fremdleistungen für Erzeugnisse und andere Umsatzleistungen
6140 Ausgangsfrachten und Nebenkosten (Fremdlager)
6150 Vertriebsprovision (Absatz)
6160 Fremdinstandhaltung
6170 Sonstige Aufwendungen für bezogene Leistungen

Personalaufwand
6200 Löhne
6300 Gehälter
6400 Arbeitgeberanteil zur Sozialversicherung für Lohnzahlungen
6410 Arbeitgeberanteil zur Sozialversicherung für Gehaltszahlungen
6420 Beiträge zur Berufsgenossenschaft

Abschreibungen auf Anlagevermögen
6520 Abschreibungen auf Sachanlagen
6540 Abschreibungen auf geringwertige Wirtschaftsgüter (GWG)
6550 Außerplanmäßige Abschreibungen

Kontenklasse 6
Unternehmensbereich: Leistungsbereich (Input)
GuV-Position: Aufwendungen

Sonstige betriebliche Aufwendungen
6700 Mieten, Pachten
6710 Leasing
6730 Gebühren
6750 Kosten des Geldverkehrs
6760 Provisionsaufwendungen (Beschaffung) (außer Vertriebsprovision)
6770 Rechts- und Beratungskosten
6800 Büromaterial
6810 Zeitungen und Fachliteratur
6820 Post, Telefon
6850 Reisekosten
6870 Werbung
6880 Spenden
6900 Versicherungsbeiträge
6920 Beiträge zu Wirtschaftsverbänden und Berufsvertretungen
6960 Verlust aus d. Abgang von Vermögenswerten

Kontenklasse 7
Unternehmensbereich: Leistungsbereich (Input)
GuV-Position: Weitere Aufwendungen

7020 Grundsteuer
7030 Kraftfahrzeugsteuer

Zinsen und ähnliche Aufwendungen
7510 Zinsaufwendungen

Kontenklasse 8
Unternehmensbereich: Gesamtunternehmen

Eröffnung/Abschluss
8000 Eröffnungsbestandskonto (EBK)
8010 Schlussbestandskonto (SBK)
8020 Gewinn- und Verlustkonto (GuV-Konto)

4.3 Bücher der Buchführung

Um die Anforderungen des Gesetzgebers und der GoB zu erfüllen, werden in der Praxis verschiedene Dokumentationsmittel eingesetzt. Diese lassen sich in **Systembücher** und **Nebenbücher** einteilen.

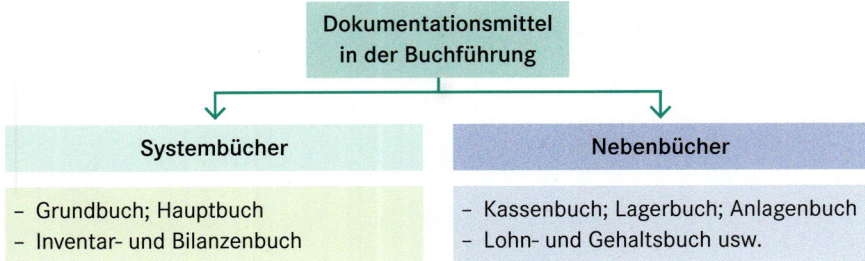

Die Grundlage jeder Buchführung bilden die **Systembücher**. In ihnen wird der Kern eines jeden Geschäftsvorganges dokumentiert. Dabei werden nur die wesentlichen Daten erfasst. Bei einer Eingangsrechnung[1] sind dies u. a. die bezogenen Ressourcen (z. B. Rohstoffe, Vorprodukte usw.), die Zahlungsweise (z. B. bar oder auf Ziel) sowie die Brutto- und Nettobeträge. Darüber hinaus gibt es aber noch eine Reihe weiterer wichtiger Daten, wie die Zahlungsfrist oder bestimmte Zahlungskonditionen (z. B. Skonto). Da diese Informationen in die Systembücher keinen Eingang finden und diese auch inhaltlich überfrachten würden, werden sie in den sogenannten Nebenbüchern der Buchhaltung festgehalten.[2]

4.3.1 Das Grundbuch

Das am häufigsten verwendete Systembuch ist das Grundbuch (auch: Journal, Tagebuch oder Primanota). Es enthält zu jedem Geschäftsvorgang die daraus resultierenden Soll- und Habenbuchungen. Die Eintragungen im Journal müssen, wie es der Gesetzgeber verlangt, vollständig, richtig und in **zeitlich geordneter (chronologischer) Reihenfolge** vorgenommen werden.[3]

Journal		*Für:* BE Partners KG			*Datum:* 18.10.20XX		
					Blatt: 211/3		
Lfd. Nr.	Beleg-Nr.	Soll [4]	EUR	Ct.	Haben [4]	EUR	Ct.
45	Kto95	2800 Bankguthaben	960	93	2400 Forderungen LuL	960	93
46	ER86	6000 Aufwand für Rohstoffe	17.457	30	4400 Verbindlichkeiten LuL	17.457	30
47	Kto95	2800 Bankguthaben	653	50	2880 Kasse	653	50
48	AR94	2400 Forderungen LuL	89	85	5100 Umsatzerlöse Handelsware	89	85
49	Er96	6080 Aufwand für Handelsware	1.963	50	4400 Verbindlichkeiten LuL	1.963	50
50	Kto95	4400 Verbindlichkeiten	2.568	60	2800 Bankguthaben	2.568	60

Das Grundbuch ist wie eine Tabelle aufgebaut und enthält verschiedene Mindestinhalte:
– die fortlaufende Nummer der Eintragung,
– die Belegnummer als Verweis auf den ursprünglichen Beleg,
– das Sollkonto und dessen Betrag,
– das Habenkonto und dessen Betrag.

1 Nach den GoB dürfen Einträge in die System- und Nebenbücher nur dann vorgenommen werden, wenn ein entsprechender (Buchungs-)Beleg vorliegt.

2 Für kleinere Unternehmen sieht der Gesetzgeber Erleichterungen bei der Führung dieser Bücher vor.
→ LF 6, Kap. 4.6

3 § 239 Abs. 2 HGB, § 146 Abs. 1 AO

4 Die Benennung geht bis in die Anfänge der ersten modernen Buchführung im 15. Jahrhundert n. Chr. zurück. Die Sollseite wurde damals für noch ausstehende Forderungen („soll haben") verwendet. Auf der Habenseite wurden bereits gezahlte Forderungen („habe gehabt") erfasst.

Für eine zeitnahe und insbesondere nachvollziehbare Dokumentation aller Geschäftsvorfälle sollte das Grundbuch täglich geführt werden. Die einzelnen Geschäftsvorgänge werden in der Reihenfolge eingetragen, in der sie zeitlich anfallen.

Das Grundbuch ist eine wichtige Dokumentationsgrundlage der Buchführung. Deshalb dürfen nachträgliche Änderungen nur so vorgenommen werden, dass der ursprüngliche Inhalt weiterhin erkennbar und nachvollziehbar bleibt[1]. Falschbuchun-
gen dürfen nicht einfach korrigiert, sondern müssen durch eine sogenannte
Stornobuchung[2], die die Falschbuchung neutralisiert, wieder aufgehoben werden.

1 Verboten sind daher: über-
schreiben, löschen, radieren
usw.

2 Eine **Stornobuchung** wird
erfasst, indem der ursprüngliche Buchungssatz umgekehrt
wird.

Der Zahlungsvorgang im **Beleg** ...

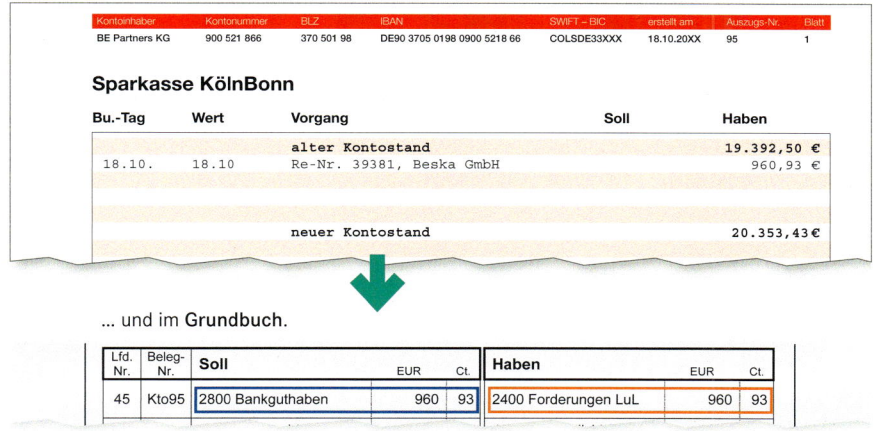

Kontoinhaber	Kontonummer	BLZ	IBAN	SWIFT – BIC	erstellt am	Auszugs-Nr.	Blatt
BE Partners KG	900 521 866	370 501 98	DE90 3705 0198 0900 5218 66	COLSDE33XXX	18.10.20XX	95	1

Sparkasse KölnBonn

Bu.-Tag	Wert	Vorgang	Soll	Haben
		alter Kontostand		19.392,50 €
18.10.	18.10	Re-Nr. 39381, Beska GmbH		960,93 €
		neuer Kontostand		20.353,43 €

... und im **Grundbuch**.

Lfd. Nr.	Beleg-Nr.	Soll	EUR	Ct.	Haben	EUR	Ct.
45	Kto95	2800 Bankguthaben	960	93	2400 Forderungen LuL	960	93

4.3.2 Das Hauptbuch

Das Grundbuch dokumentiert alle Geschäftsvorfälle in der zeitlichen Reihenfolge
ihrer Entstehung. Sobald aber über einen längeren Zeitraum Veränderungen von einem bestimmten (Sach-)Konto zusammengefasst werden sollen, müsste das gesamte
Grundbuch nach den relevanten Eintragungen durchforstet werden. Wegen der großen Anzahl von Eintragungen wäre dieses Vorgehen schlichtweg unpraktikabel – erst
recht in den Zeiten der Papierbuchführung. Daher werden alle Buchungsvorgänge
zusätzlich zum Grundbuch noch nach dem jeweiligen Konto zusammengefasst. Diese Aufgabe übernimmt das Hauptbuch bzw. Sachbuch, in dem alle Geschäftsvorfälle
einer **sachlichen** (**systematischen**) **Ordnung** folgen.

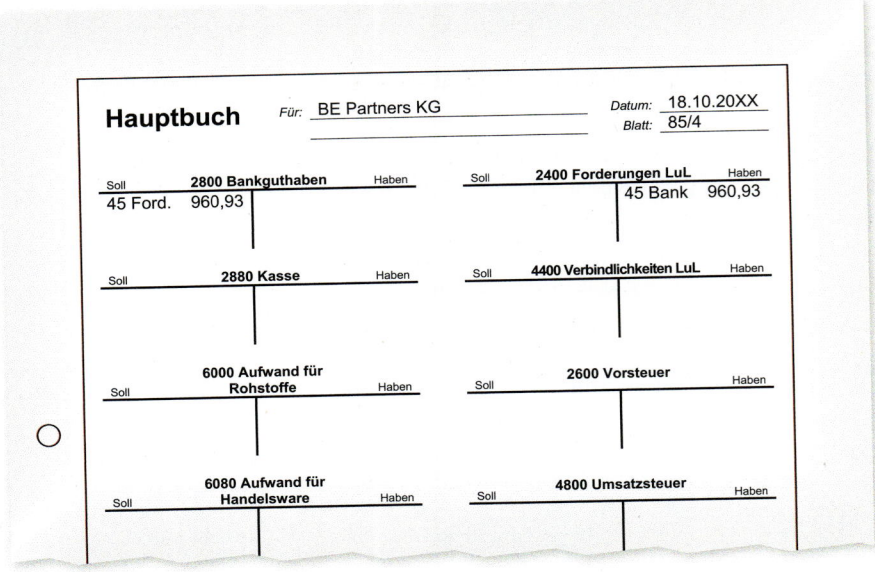

Die Kontendarstellung sieht dem Buchstaben T sehr ähnlich und trägt daher den Namen **T-Konto**. Sachkonten werden in der Regel als T-Konto dargestellt. Das Hauptbuch ist damit eine Ansammlung aller Sachkonten, die bei der BE Partners KG vorkommen.

4.3.3 Vom Grundbuch zum Hauptbuch

Im Journal werden zunächst alle Buchungsvorgänge chronologisch erfasst. Um diese dann ins Hauptbuch zu übernehmen, überträgt man sämtliche Sollbuchungen eines Kontos auf die gleichnamige Seite im zugehörigen Sachkonto. Ebenso verfährt man mit den vorhandenen Habenbuchungen. Dieses Vorgehen erfolgt für jedes einzelne Konto.[1]

1 Moderne elektronische Systeme übernehmen diese Aufgaben automatisch.

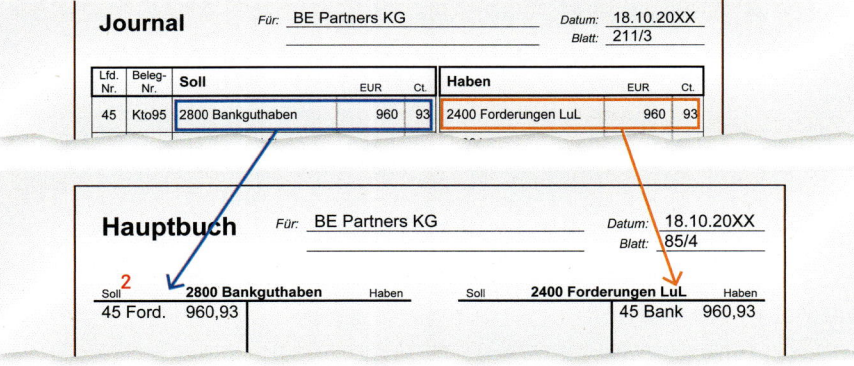

2 Steht das Konto (z. B. Bankguthaben) beim Buchungsvorgang im Soll, so wird auch im T-Konto in der Spalte Soll die Eintragung vorgenommen. Gleiches gilt für die Habenbuchung.

Damit jede Eintragung im Hauptbuch zusammen mit dem Grundbuch nachvollziehbar ist, werden neben dem entsprechenden Geldbetrag auch die laufende Buchungsnummer sowie das **Gegenkonto**[3] eingetragen.

Für jedes einzelne Konto lässt sich der Endbestand ermitteln. Hierzu werden zu einem bestimmten Zeitpunkt die Summe aller Soll- und die Summe aller Habenbuchungen ermittelt. Die Differenz aus beiden ergibt dann den **Saldo**, d. h. den **Endbestand**.[4]

3 **Gegenkonto:**
Konto der Gegenbuchung

4 Endbestand
→ LF 6, Kap. 3.2.3

Beispiel Das Konto Bankguthaben weist am 18.10.20XX die folgenden Buchungen auf, die im T-Konto bereits eingetragen sind. Die Summe der Sollseite beträgt 3.589,93 €,

Soll	**2800 Bankguthaben**		Haben
45 Ford.	960,93	50 Verb.	2.568,60
47 Kasse	653,50	Saldo	1.021,33
55 Ford.	1.475,50		
60 Kasse	500,00		―
	3.589,93		3.589,93

während die Habenseite auf 2.568,60 € kommt. Die Differenz zwischen Soll und Haben bedeutet, dass am Ende des Tages das Bankguthaben 1.021,33 € (= Saldo) betrug.

1 Aus historischen Gründen wurden Leerzeilen in T-Konten jeweils entwertet, um keine nachträglichen Ergänzungen zu ermöglichen. Die dabei verwendete gekrümmte Linie bezeichnet man als **Buchhalternase**.

4.3.4 Das Inventar- und das Bilanzenbuch

Beim Kassenbuch wird täglich ein Kassensturz gemacht und die Einnahmen und Ausgaben ermittelt. In der gesamten Buchführung führt man ebenfalls mindestens einmal jährlich eine solche Abrechnung durch. Dabei werden alle vorhandenen Vermögenspositionen (z. B. Maschinen oder Grundstücke) sowie Schulden (z. B. Verbindlichkeiten, Darlehen bei Kreditinstituten) ermittelt und in einem **Inventar**- und **Bilanzenbuch**[2] festgehalten.

4.3.5 Die Nebenbücher der Buchhaltung

Die Systembücher erfassen die Kerninformationen zu jedem wirtschaftlichen Vorgang. Obwohl die Buchführung dadurch übersichtlich bleibt, werden viele weitere Informationen zunächst außer Acht gelassen, wie z. B. Zahlungsfristen und Vereinbarungen zu den Zahlungskonditionen. Genau hierfür werden die Nebenbücher der Buchhaltung eingesetzt. Mit ihrer Hilfe können das Journal und Hauptbuch inhaltlich ergänzt und Buchungsvorgänge bei einzelnen Sachkonten noch aussagekräftiger gestaltet werden. In der Praxis haben sich im Laufe der Zeit ganz unterschiedliche Nebenbücher für verschiedene Anwendungsgebiete entwickelt. Einige der wichtigsten werden im Folgenden näher vorgestellt:

2 Das **Inventar**- bzw. **Bilanzenbuch** fasst die jährlich aufgestellten Inventare bzw. Bilanzen zusammen. Früher entstanden dadurch richtige gebundene Bücher. In den heutigen Zeiten der elektronischen Datenverarbeitung sind diese Begriffe nur noch symbolisch zu verstehen.
→ LF 6, Kap. 2.2 und 2.3

Kassenbuch	Verzeichnis aller Verkaufs- und Kaufaktivitäten im Kassenbereich des Unternehmens.
Bankbuch	Dokumentation aller Gutschriften und Abbuchungen auf den jeweiligen Geschäftsbankkonten des Unternehmens.
Kontokorrentbücher für Debitoren und Kreditoren	Für jeden einzelnen **Kreditor** (Lieferant) und **Debitor** (Kunde) werden die Eingangs- bzw. Ausgangsrechnung erfasst. Zusätzlich sind aus den Kontokorrentbüchern weitere Zahlungsinformationen und der Status der Rechnung ersichtlich, d. h., ob sie bereits bezahlt wurde oder ob die Zahlung noch aussteht.
Anlagenbuch	Verzeichnis aller im Unternehmen vorhandenen Anlagegüter mit dem jeweils aktuellen Wert, wie z. B. Maschinen, Fuhrpark oder der Büroausstattung.
Lagerbuch (Wareneingangs- und -ausgangsbuch)	Dokumentiert alle Veränderungen im Warenlager durch Lieferung oder Entnahme der Ressourcen und Waren.
Lohn- und Gehaltsbuch	Übersicht über die monatlichen Auszahlungen an Mitarbeiter oder öffentliche Institutionen wie das Finanzamt oder die Krankenkassen.

4.4 Belege und Belegbearbeitung

Bei der BE Partners KG findet täglich eine Vielzahl an Beschaffungs-, Absatz- und sonstigen wirtschaftlichen Aktivitäten statt. Um hier auch zu einem späteren Zeitpunkt noch den Überblick zu behalten, wird jeder dieser Vorgänge durch einen Beleg[1] nachvollziehbar und inhaltlich beschrieben. Die Fülle dieser Belege lässt sich dabei nach verschiedenen Kriterien einteilen:

1 Beleg:
dokumentiert einen
wirtschaftlichen Vorgang im
Unternehmen

– Belege nach der **Herkunft** und dem **Aussteller**

Eigenbelege werden von der BE Partners KG selbst erstellt und dokumentieren Absatzgeschäfte oder interne Vorgänge.	**Beispiele:** Ausgangsrechnungen, Gutschriften für Kunden, interne Umbuchungsbelege
Fremdbelege werden von anderen Unternehmen erstellt und treten besonders bei Beschaffungsvorgängen auf.	**Beispiele:** Eingangsrechnungen, erhaltene Lieferscheine, Quittungen über den Erwerb von Postwertzeichen

– Belege nach der **Anzahl** der dokumentierten Vorgänge

Einzelbelege dokumentieren jeweils nur einen einzelnen wirtschaftlichen Vorgang.	**Beispiele:** Ausgangsrechnung an einen Kunden, Einzahlungsbeleg auf das Girokonto der BE Partners KG, Lieferschein eines Lieferanten
Sammelbelege fassen mehrere gleichartige Vorgänge zusammen und reduzieren damit den Arbeitsaufwand beim Verbuchen in der EDV.	**Beispiel:** Sammelüberweisungen der Mitarbeiterlöhne

– Belege nach dem **Zweck**

Natürliche Belege dokumentieren reale Vorgänge bei der Beschaffung oder dem Absatz von Produkten, bei Zahlungsvorgängen usw.	**Beispiele:** Rechnungen, Kontoauszüge, Quittungen, Lieferscheine
Künstliche Belege entstehen immer dann, wenn kein natürlicher Beleg vorhanden ist, aber der wirtschaftliche Vorgang dennoch dokumentiert werden muss. Dabei handelt es sich meist um interne Vorgänge.	**Beispiele:** Korrekturbeleg bei einer Kassendifferenz oder einer nicht mehr einzubringenden Kundenforderung, Beleg für eine Materialentnahme aus dem Lager

Für die Buchführung sind Belege wichtig, da sie die wirtschaftlichen Veränderungen im Unternehmen dokumentieren. Eigene Belege müssen deshalb sorgfältig erstellt und extern erhaltene Belege auf ihre Richtigkeit hin überprüft werden.

Eingehende Belege werden bei der BE Partners KG zunächst sachlich[2] dahingehend geprüft, ob das Unternehmen auch der Empfänger ist. Zusätzlich werden die Daten einer Bestellung mit denen der Lieferung und Rechnungsstellung (z. B. Typ, Farbe, Menge, Qualität der Ware, Preis usw.) verglichen. Ist der Beleg sachlich in Ordnung, wird er rechnerisch[3] überprüft. Auf diese Weise lässt sich feststellen, ob Rechenfehler z. B. bei der Gesamtmenge oder der berechneten Umsatzsteuer gemacht wurden.

2 Prüfung der sachlichen Richtigkeit

3 Prüfung der rechnerischen Richtigkeit

Überprüfung einer Eingangsrechnung eines Rohstofflieferanten	
Sachliche Prüfung:	**Rechnerische Prüfung:**
Übereinstimmung aller Rechnungswerte (Menge, Artikelart, Einzelpreis in €, Rabatte und Skonto in Prozent, Zahlungsziel usw.) mit der Bestellung	Gesamtpreis je Artikel (Menge · Einzelpreis)
Übereinstimmung aller Rechnungswerte mit der Wareneingangsmeldung (Menge, Artikelart, Güte und Beschaffenheit der Ware, ggf. Mängel)	Gesamtpreis für alle Artikel in € – Rabatt in € = Nettowarenwert ggf. zzgl. Bezugskosten + Umsatzsteuer = Bruttorechnungsbetrag

Nach der sachlichen und rechnerischen Überprüfung kann der Beleg für die Verbuchung vorbereitet werden. Das bezeichnet man als **Vorkontierung** und meint damit, dass die relevanten Konten sowie dazugehörigen Beträge auf dem Beleg vermerkt werden. Um diese Routinevorgänge zügig durchzuführen, werden **Kontierungsstempel** verwendet, die je nach Unternehmen unterschiedlich aussehen können, aber immer die wichtigsten Beleginformationen zusammenfassen. Die Belege können damit einfacher und rationeller in den EDV-Systemen erfasst werden und es werden dabei auch weniger Fehler gemacht.

be	Vorkontierung		
	Buchungsmonat	*Mai 20XX*	
	Soll	Haben	Betrag in €
	Bankguthaben		*45,68*
		Forderungen	*45,68*
	Beleg-Nr. *Kto837*		HZ: *wag*

Letztlich werden die verbuchten Belege entweder in Papierform oder nach dem Scannen in elektronischer Form nach den gesetzlichen Vorgaben archiviert.

Eingescannte Belege müssen dabei so verarbeitet und gespeichert werden, dass sie in einer angemessenen Zeit bspw. als Belegkopie wieder hergestellt (reproduziert) werden können. Unabhängig von der Art der Archivierung (klassisch oder elektronisch) müssen Buchungsbelege grundsätzlich 10 Jahre aufbewahrt werden.

4.5 Aufbewahrungsfristen und -formen

Mit der Erfassung der betrieblichen Vorgänge in den System- und Nebenbüchern der Buchhaltung ist es für die BE Partners KG noch nicht getan. Der Gesetzgeber verlangt die **Aufbewahrung** der **Buchungsbelege** über einen Zeitraum von **10 Jahren.** Die Systembücher selbst müssen ebenfalls 10 Jahre aufbewahrt werden.

Die Frist zur Aufbewahrung beginnt jeweils am 31.12. des Jahres, in dem der Beleg buchhalterisch erfasst bzw. die letzte Eintragung im Systembuch erstellt wurde.[1]

1 § 257 Abs. 4 und 5 HGB, § 147 Abs. 3 und 4 AO

Bei der Archivierung der Unterlagen kann das Unternehmen verschiedene Möglichkeiten nutzen. So ist neben der klassischen papiergebundenen Aufbewahrung auch das Verfilmen oder Scannen der Dokumente mit anschließendem Abspeichern in elektronischen Datenbanken gesetzlich erlaubt. Lediglich das Bilanzenbuch muss im Original aufbewahrt werden.

Nutzt das Unternehmen moderne Archivierungssysteme, muss sichergestellt sein, dass die Daten und Dokumente innerhalb einer angemessenen Frist wieder hergestellt und lesbar gemacht werden können.

4.6 Erleichterungen der Buchführungspflicht

Der Gesetzgeber legt in § 238 Abs. 1 HGB fest, dass grundsätzlich alle Kaufleute[1] zur Führung von Büchern verpflichtet sind. Diese Pflicht wie auch die Aufbewahrung relevanter Unterlagen ist für kleinere Unternehmen nicht immer leicht zu erfüllen. Deshalb gibt es auch hier für Unternehmen unterhalb einer bestimmten Größe Vereinfachungen bei der Dokumentation.

1 Kaufmannsbegriff §§ 1 ff. HGB → FK 1, LF 1, Kap. 3.4.1

> **Merke!** Liegt der Umsatz bei Einzelkaufleuten in zwei aufeinander folgenden Geschäftsjahren bei maximal 600.000,00 € und der erwirtschaftete Jahresüberschuss (Gewinn) bei maximal 60.000,00 €, so sind sie von der handelsrechtlichen Buchführungspflicht befreit.[2]

2 § 241 a HGB (Stand: 01.01.2019); im Jahr der Neugründung gilt diese Ausnahmeregelung jedoch nicht.

Gewerbliche Unternehmer[3] sowie Land- und Forstwirte, die nach Handelsrecht nicht buchführungspflichtig sind, werden auch steuerrechtlich davon befreit, wenn sie die folgenden Kriterien vollständig erfüllen:

3 Begriff des Unternehmers § 141 Abs. 1 AO

Umsatz	< 600.000,00 €[5]
Wirtschaftswert der genutzten Flächen	< 25.000,00 €
Gewinn[4]	< 60.000,00 €[5]

4 Gewinnermittlung → LF 6, Kap. 3.3.3 und 8.1

5 Stand: 01.01.2019

Unternehmen und Gewerbetreibende, die keine Bücher führen, sind verpflichtet, eine sogenannte **Einnahmen-Überschuss-Rechnung** zu erstellen, denn der Gesetzgeber muss auch bei ihnen eine Grundlage für die Steuerfestsetzung haben. Dafür werden die Einnahmen und Ausgaben eines Geschäftsjahres gegenübergestellt und so der erwirtschaftete Überschuss (= Gewinn) oder Fehlbetrag (= Verlust) ermittelt.

4.7 Buchführungssysteme

4.7.1 Wie es früher war …

Dass die Buchführung keinesfalls eine Erfindung der Neuzeit ist, wurde schon an einigen Stellen in diesem Lernfeld erwähnt. Zu jeder Zeit wurde versucht, die Arbeit des Buchhalters zu vereinfachen, sodass sich ganz unterschiedliche Verfahren und Systeme entwickelten. In Unternehmen wird hauptsächlich die **klassische kaufmännische Buchführung** eingesetzt, die als einfache oder doppelte Form vorkommt.

Bei der **einfachen kaufmännischen Buchführung** werden nur die wichtigsten betrieblichen Vorgänge, d. h. insbesondere Kassen-, Lieferanten- und Kundengeschäfte, dokumentiert. Innerbetriebliche Prozesse, wie z. B. eine Lagerentnahme von Rohstoffen im Rahmen der Produktion, bleiben generell außer Acht.

In den Anfängen der Buchführung gab es weder elektronische noch mechanische Verfahren, um die Dokumentation vorzunehmen, sondern alle Eintragungen wurden von Hand vorgenommen. Die ursprüngliche Übertragungsbuchführung vereinfachte man später zu einer einfachen Durchschreibebuchführung.

Übertragungsbuchführung: Jeder wirtschaftliche Vorgang wurde einzeln in separaten Dokumenten und Büchern erfasst, d. h., jeweils von einem Medium in das andere übertragen.

Durchschreibebuchführung: Durch Kombination verschiedener Vordrucke konnte der Buchungsvorgang gleichzeitig in allen einzelnen Dokumenten in nur einem Arbeitsgang erfasst werden.

Zeitweise wurde auch eine **Offene-Posten-Buchhaltung** eingesetzt. Hierbei bestand die Buchführung aus den einzelnen Belegen, die getrennt nach bereits bezahlten und noch offenen Rechnungen abgelegt wurden. Viele weitere Formen der Buchführung haben sich je nach Bedarf entwickelt, wie z. B. eine Geheim- oder Filialbuchführung.

Bei der **doppelten kaufmännischen Buchführung** kommen das Journal und Hauptbuch gemeinsam zum Einsatz und jeder wirtschaftliche Vorgang wird als Soll- und Habenbuchung erfasst. Diese doppelte Erfassung ermöglicht gleichzeitig eine Kontrolle der Eintragungen. Daher bezeichnet man dieses System auch als **Doppik.**

Im öffentlichen Sektor wird die sogenannte **Kameralistik**[1] oder auch **Kameralbuchhaltung** angewendet. Sie funktioniert wie die einfache kaufmännische Buchführung und dokumentiert im Wesentlichen die Einnahmen und Ausgaben. Der Haushaltsplan oder Etat, der vom Bundestag bzw. den jeweiligen Länderparlamenten als Gesetz beschlossen wird, besteht aus Einnahmen- und Ausgabenpositionen. Ein kameralistisch geführter Haushalt besteht in der Praxis aus unzähligen Einzelpositionen und ist ein ziemlich komplexes Werk.[2]

4.7.2 So ist es heute: die elektronische Buchführung

Heute lässt sich die Vielzahl an Buchungsvorgängen kaum mit den klassischen Formen der Buchführung, wie sie im vorstehenden Abschnitt beschrieben wurden, bewältigen. Die Einführung moderner Datenverarbeitungssysteme in den Unternehmen hat gerade in der Buchführung oft ihren Anfang genommen und ist auch in kleinen Unternehmen mittlerweile Standard.

[1] Der Begriff **Kameralistik** ist abgeleitet von camera = fürstliche Schatzkammer im Mittelalter. So alt ist die „Kameralwirtschaft".

[2] Nach dem Grundgesetz Artikel 114 ist „der Bundesminister der Finanzen verpflichtet, dem Bundestage und dem Bundesrate über alle Einnahmen und Ausgaben sowie über das Vermögen und die Schulden im Laufe des nächsten Rechnungsjahres zur Entlastung der Bundesregierung Rechnung zu legen." Entsprechendes gilt auch für die jeweiligen Länderminister.

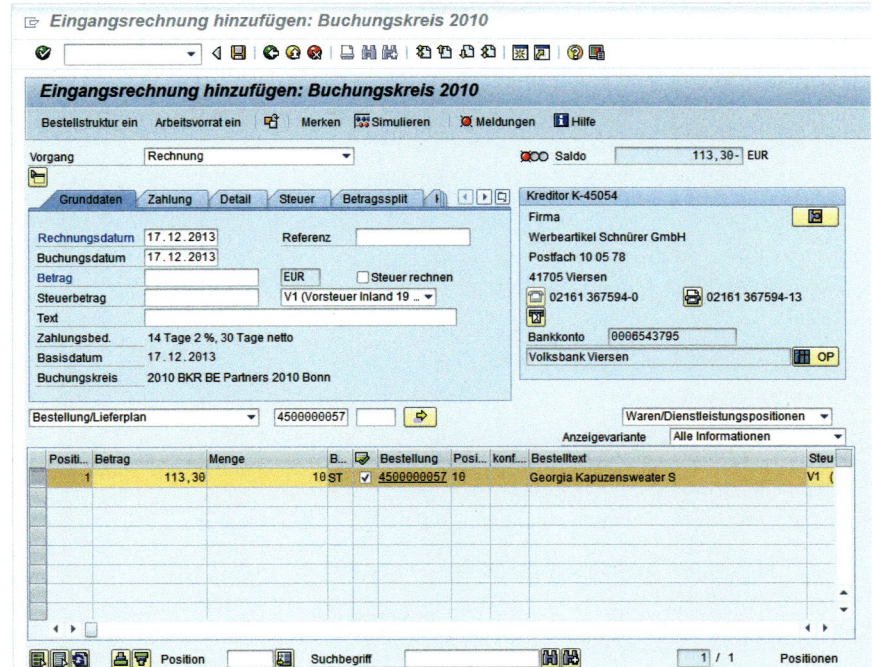

Mit elektronischen Systemen lassen sich große Mengen von Buchungen effizient und schnell verarbeiten. Immer wiederkehrende Buchungsvorgänge können fast vollständig automatisiert und so kann Arbeitszeit eingespart werden. Einmal im System erfasste Daten lassen sich auf vielfältige Weise auswerten und für andere Zwecke weiter verarbeiten.[1] Der Buchhaltung kommt damit eine völlig neue Aufgabe zu: Informationen für Entscheidungen bereitzustellen, die u. a. für Planungen der Geschäftsführung herangezogen werden.

[1] Die elektronische Datenverarbeitung erleichtert in zunehmendem Maße auch die Erfüllung gesetzlicher Pflichten: Die Veröffentlichung von Bilanzen kann im elektronischen Bundesanzeiger einfach und problemlos erfolgen. www.ebundesanzeiger.de

Alles klar?

1 Warum muss jedes Unternehmen seine täglichen Geschäfte dokumentieren?

2 „Keine Buchung ohne Beleg". Erläutern Sie diesen Grundsatz der Buchführung.

3 Erläutern Sie die gängigsten Reglungen der GoB.

4 Weshalb werden in der Buchhaltung Kontenrahmen eingesetzt?

5 Wie ist der Kontenrahmen bei der BE Partners KG und in Ihrem Ausbildungsbetrieb aufgebaut?

6 Nennen Sie verschiedene Beispiele für Konten, die sich in den einzelnen Kontenklassen wiederfinden.

7 Welche Vor- und Nachteile bietet die Verwendung eines Kontenrahmens?

8 Welcher Unterschied besteht zwischen einem Kontenrahmen und einem Kontenplan?

9 a) Nehmen Sie sich den Kontenplan der BE Partners KG zur Hand und markieren Sie bereits bekannte Konten.
b) Finden Sie auf diese Weise heraus, welche Bereiche des Kontenplans sehr häufig bzw. eher wenig genutzt werden und welche Geschäftsvorgänge damit jeweils abgebildet werden.

10 Unterscheiden Sie verschiedene Arten von Systembüchern.

11 Beschreiben Sie den Aufbau des Journals.

12 Welcher Zusammenhang besteht zwischen einem Buchungssatz und einem Grundbuch?

13 a) Erläutern Sie den Unterschied zwischen Journal und Hauptbuch.
b) Grund- und Hauptbuch werden nach bestimmten Prinzipien geführt. Erläutern Sie diese Prinzipien jeweils.

14 Wie lange müssen Unterlagen der Buchführung aufbewahrt werden und wann dürfen sie dann frühestens vernichtet werden?

15 Nennen Sie verschiedene Nebenbücher und ihren jeweiligen Zweck.

16 a) Beschreiben Sie den Aufbau eines T-Kontos.
b) Welche Informationen können aus einem T-Konto gewonnen werden?

17 Unterscheiden Sie Eigen- und Fremdbelege anhand passender Beispiele voneinander.

18 Unterscheiden Sie Einzel- und Sammelbelege anhand passender Beispiele voneinander.

5 Die Umsatzsteuer

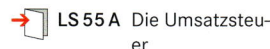 LS 55 A Die Umsatzsteuer

Beispiel

Prognostizierte Steuereinnahmen für das kommende Jahr steigen wieder!

Berlin Der Bundesfinanzminister kann wieder entspannter in die Zukunft blicken, haben sich doch die Prognosen für die wichtigen Steuereinnahmen wieder gesteigert…

Der Staat, d. h. Bund, Länder und Gemeinden, hat eine Fülle von Einzelaufgaben, um einen funktionierenden Alltag der Bürger gewährleisten zu können. Es müssen Straßen und Schulen gebaut, Behörden und andere öffentliche Einrichtungen betrieben werden. Für die Erfüllung aller Aufgaben, die dem Interesse und Wohl der Bevölkerung dienen, werden beträchtliche finanzielle Mittel benötigt. Diese Mittel beschafft sich der Staat durch die Erhebung von Steuern. Steuern sind die Haupteinnahmequelle des deutschen Staates, was auch in Artikel 105 des Grundgesetzes und seiner Interpretation durch das Bundesverfassungsgericht zum Ausdruck kommt: Deutschland ist ein Steuerstaat.

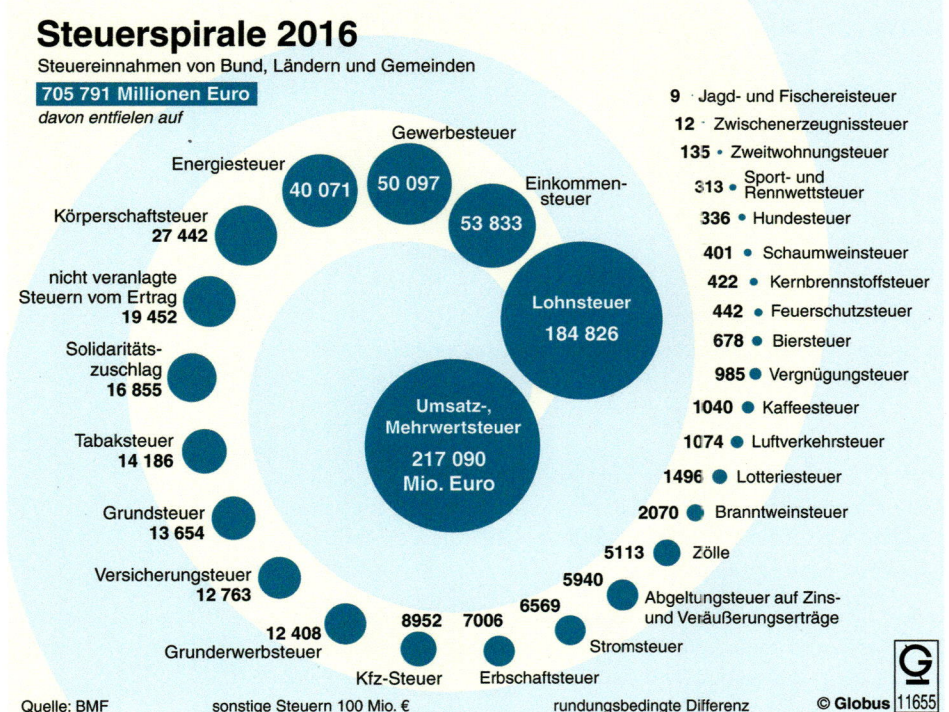

Die einnahmestärkste Steuerart ist die **Umsatzsteuer**. Als Verkehrs- und Gemeinschaftssteuer wird sie grundsätzlich auf alle wirtschaftlichen Vorgänge des täglichen Lebens erhoben.

Verkehrssteuer bedeutet, dass sie an den Rechtsverkehr, d. h. an den Leistungsaustausch oder Umsatz geknüpft ist. **Gemeinschaftssteuer** bedeutet, dass sich Bund, Länder und Gemeinden dieses Steueraufkommen teilen: Von der Umsatzsteuer bekommt der Bund etwas mehr als die Hälfte, die Länder weniger als 50 % und die Gemeinden etwas mehr als 2 %.

5.1 Ausgangsrechnungen mit Umsatzsteuer

Beispiel Ein neuer Kunde in Sicht ...

Vor einigen Tagen erhielt die BE Partners KG eine Anfrage der ortsansässigen Berufsschule. Die Abschlussklasse der Kaufleute für Büromanagement möchte die bestandene Prüfung feiern und sich zu diesem Anlass T-Shirts mit dem nebenstehenden Musteraufdruck anfertigen lassen. Doch vorab soll der Preis entscheiden, ob die BE Partners KG auch den Zuschlag erhält ...

Wie bei allen anderen Produkten und Dienstleistungen bestimmt sich der Wert der Leistung, in diesem Fall der T-Shirts, in erster Linie aufgrund der **Kosten**[1] für die Herstellung oder Beschaffung der Ware. Da die BE Partners KG auch bei diesem Auftrag etwas verdienen möchte, kommt zu den Herstellungskosten noch ein Gewinnaufschlag hinzu. Der Angebotspreis für den Kunden verteuert sich noch durch eine weitere Komponente: die Umsatzsteuer.

[1] Die **Kosten** je T-Shirt enthalten die Ausgaben für das benötigte Material und Personal.

Beispiel Zu welchem Preis kann der Auftrag angeboten werden?

Die T-Shirts können von Eulenberger & Samtmann Textilgroßhandel GmbH & Co. KG zu einem besonders günstigen Stückpreis von 2,75 € bezogen werden. Für die Erstellung der Siebdruckvorlage nach Kundenvorgabe wird eine halbe Stunde benötigt.

Einkauf von 25 T-Shirts, weiß, Baumwolle zu je 2,75 €	68,75 €
+ Erstellung der Siebdruckvorlage	44,50 €
+ Kosten für Aufdruck zu je 1,35 €	33,75 €
= Herstellungskosten	147,00 €
+ 10 % Gewinnaufschlag	14,70 €
= Angebotspreis (ohne Umsatzsteuer)	161,70 €
+ 19 % Umsatzsteuer	30,72 €
= Endgültiger Angebotspreis (mit Umsatzsteuer)	192,42 €

Der Berufsschulklasse können die 25 farbig bedruckten T-Shirts zu einem Gesamtpreis von 192,42 € angeboten werden.

Neben der BE Partners KG „verdient" auch der Staat bei diesem Geschäft durch die aufgeschlagene Umsatzsteuer mit. Die Umsatzsteuer ist seine wichtigste Einnahmequelle, denn keine andere Steuer hat ein höheres Aufkommen, wie der Abbildung „Steuerspirale" auf der Vorseite zu entnehmen ist.

Zwar bezahlt der Kunde die Umsatzsteuer, doch der Leistungserbringer (der die Ware oder die Dienstleistung verkauft) muss dem Kunden die Umsatzsteuer in Rechnung stellen und an das Finanzamt abführen. Der Leistungserbringer ist im Normalfall Steuerschuldner der Umsatzsteuer und das Finanzamt wendet sich an ihn. Die genaue Höhe und die Berechnungsgrundlage für die Umsatzsteuer muss er auf jeder Rechnung eindeutig ausweisen.[2]

[2] Mindestinhalte einer Rechnung
→ LF 6, Kap. 5.6

Merke! Ausgangsrechnungen an Kunden enthalten neben dem reinen Warenwert (Nettobetrag) auch die darauf entfallende Umsatzsteuer sowie den gesamten Rechnungsbetrag (Bruttobetrag), den der Kunde zu zahlen hat.

BE Partners KG, Postfach 10 01 04, 53100 Bonn

Berufskolleg Bonn-Nord
Tobias Schranner
Römerstraße 422
53117 Bonn

Bitte bei Zahlung immer angeben
Ihre Kundennummer: **30017**
Rechnungsnummer: **48473/20XX**

Name: Ulrike Fuchs
Telefon: +49 228 1236-287
Telefax: +49 228 1236-111
E-Mail: u.fuchs@bepartners.de

Datum: 30.01.20XX

Rechnung zum Auftrag Nr. 48473A vom 07.01.20XX
Leistungsmonat: Januar

Pos.	Art.-Nr.	Bezeichnung	Menge	Einzelpreis €	Rabatt %	Betrag €
1	D1330	Erstellung Druckvorlage nach Vorgabe	0,5 h	48,95		48,95
2	T0102	T-Shirt, weiß, mit Aufdruck nach Vorlage	25 St.	4,51		112,75
		Summe Positionen				161,70
		Lieferkosten				0,00
		Rechnungsbetrag netto				161,70
		Umsatzsteuer 19 %				30,72
		Rechnungsbetrag (inkl. USt)				**192,42**

BE Partners KG
53119 Bonn
Geschäftsführender
Gesellschafter
Rolf Bastian

Schlesienstraße 490 – 492
✉ info@bepartners.de
🖳 www.bepartners.de

Sparkasse KölnBonn
BLZ 370 501 98
Konto 900 521 866
BIC COLSDE33XXX
IBAN DE90 3705 0198 0900 5218 66

Volksbank Bonn Rhein-Sieg eG
BLZ 380 601 86
Konto 920 613 740
BIC GENODED1BRS
IBAN DE10 3806 0186 0920 6137 40

Amtsgericht Bonn
Handelsregister A 96617/124

Umsatzsteuer-ID DE1457777987

Jeder Geschäftsvorgang zwischen der BE Partners KG und ihren Kunden führt zu Absatzbuchungen. Die verkauften Erzeugnisse werden mit dem **reinen Warenwert** (**Nettoverkaufspreis**) erfasst. Als Gegenleistung muss der Kunde die Ware bezahlen. Der **Zahlungsbetrag** (**Bruttoverkaufspreis**) setzt sich aus dem reinen Warenwert und der Umsatzsteuer zusammen.[1]

[1] Warenwert ohne USt
(Nettoverkaufspreis)
+ Umsatzsteuer
―――――――――――
= Warenwert mit USt
(Bruttoverkaufspreis)

#	Beleg-Nr.	Soll	€	Haben	€
311	AR221	2400 Forderungen LuL	192,42	5100 Umsatzerlöse für Handelsware	161,70
				4800 Umsatzsteuer	30,72

Da die Umsatzsteuer immer auf den Nettobetrag der Ware oder Dienstleistung erhoben wird, bezeichnet man sie auch als Nettosteuer.[1] Sie ist außerdem eine Quellensteuer, weil sie direkt an der Quelle, d. h. beim Lieferanten, abgeschöpft und nicht erst im Nachhinein beim Verbraucher durch Erklärung erhoben wird.

Die Umsatzsteuer steht dem Staat zu. Da er diese aber nicht selbst bei den Beziehern von Lieferungen und Leistungen einziehen will, haben Unternehmen wie die BE Partners KG die Aufgabe, die im Absatzgeschäft eingenommene Umsatzsteuer gesammelt an den Staat abzuführen. Solange dies noch nicht erfolgt ist, handelt es sich bei der vom Kunden vereinnahmten Umsatzsteuer für die Unternehmen um eine **Verbindlichkeit gegenüber dem Staat**, die später noch bezahlt werden muss. Aus Sicht der Buchführung bezeichnet man die vereinnahmte Umsatzsteuer daher auch besser als **Umsatzsteuer-Verbindlichkeit**.

1 § 10 Abs. 1 UStG
Entgelt der Lieferung und sonstigen Leistung

2 § 13 a Abs. 1 Nr. 1 UStG

> **Merke!** Steuerträger ist der Endverbraucher als Steuerpflichtiger.
> Steuerschuldner ist das Unternehmen, das die Steuer an den Staat abführt.[2]
> **Umsatzsteuer-Verbindlichkeit** = Steuerschuld an den Staat, die durch Lieferungen und Leistungen des Unternehmens entsteht.

5.2 Eingangsrechnungen mit Umsatzsteuer

Noch bevor die T-Shirts bedruckt und ausgeliefert werden können, werden diese vom Lieferanten bezogen. Als Kunde bei der Eulenberger & Samtmann Textilgroßhandel GmbH & Co. KG erhält die BE Partners KG selbst die folgende Eingangsrechnung:

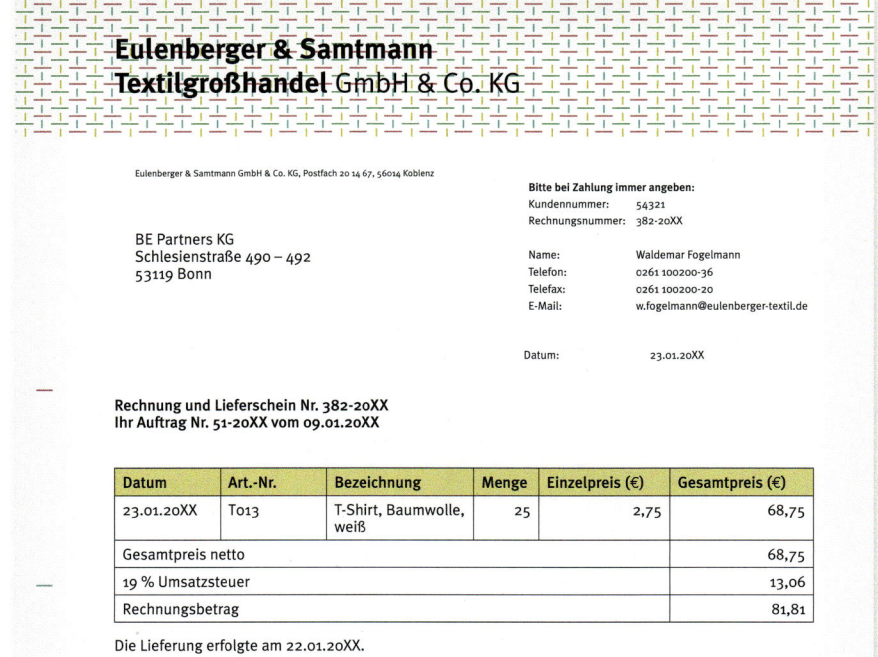

Eulenberger & Samtmann Textilgroßhandel GmbH & Co. KG

Eulenberger & Samtmann GmbH & Co. KG, Postfach 20 14 67, 56014 Koblenz

Bitte bei Zahlung immer angeben:
Kundennummer: 54321
Rechnungsnummer: 382-20XX

BE Partners KG
Schlesienstraße 490 – 492
53119 Bonn

Name: Waldemar Fogelmann
Telefon: 0261 100200-36
Telefax: 0261 100200-20
E-Mail: w.fogelmann@eulenberger-textil.de

Datum: 23.01.20XX

Rechnung und Lieferschein Nr. 382-20XX
Ihr Auftrag Nr. 51-20XX vom 09.01.20XX

Datum	Art.-Nr.	Bezeichnung	Menge	Einzelpreis (€)	Gesamtpreis (€)
23.01.20XX	T013	T-Shirt, Baumwolle, weiß	25	2,75	68,75
Gesamtpreis netto					68,75
19 % Umsatzsteuer					13,06
Rechnungsbetrag					81,81

Die Lieferung erfolgte am 22.01.20XX.

Zahlbar innerhalb von 30 Tagen netto.

Für die Eulenberger & Samtmann Textilgroßhandel GmbH & Co. KG stellt dieser Vorgang nichts anderes als ein Absatzgeschäft dar und sie muss die ausgewiesene Umsatzsteuer an den Staat abführen. Die BE Partners KG als Kunde muss den Warenwert (netto) sowie die darauf entfallende Umsatzsteuer an den Lieferer zahlen.

Merke! Eingangsrechnungen von Lieferanten enthalten neben dem reinen Warenwert (Nettobetrag) auch die darauf entfallende Umsatzsteuer sowie den gesamten Rechnungsbetrag (Bruttobetrag), der dem Lieferanten gezahlt werden muss.

Da sowohl im Beschaffungs- als auch im Absatzbereich von Unternehmen Umsatzsteuer auftritt, bezeichnet man die Umsatzsteuer bei Beschaffungsvorgängen als **Vorsteuer**. Dieser Begriff lässt sich darauf zurückführen, dass es sich um eine an den Vorunternehmer geleistete Steuer handelt. Durch die unterschiedlichen Begriffe werden Verwechslungen vermieden und beide Bereiche eindeutig unterschieden.

#	Beleg-Nr.	Soll		Haben	
			€		€
312	ER73	6080 Aufwand für Han- delsware	68,75	4400 Verbindlichkeiten LuL	81,81
		2600 Vorsteuer	13,06		

Die bezogene Handelsware hat einen reinen Warenwert in Höhe des Nettowertes der T-Shirts. Die BE Partners KG zahlt den Bruttorechnungsbetrag einschließlich Umsatzsteuer (hier: Vorsteuer) an den Lieferanten[1]. Dennoch wird das Konto Vorsteuer bei der BE Partners KG als aktives Bestandskonto im Soll gebucht, was einer Zunahme entspricht. Wie lässt sich dies erklären?

Die Umsatzsteuer ist grundsätzlich von jedem zu zahlen, der Waren oder Leistungen erwirbt. Dabei ist es unerheblich, ob es sich um Privatpersonen oder Unternehmen handelt. Wenn der Erwerber jedoch Unternehmer ist und für seine Leistungen selbst Umsatzsteuer berechnen muss, kann er sich die bei Beschaffungsvorgängen gezahlte Umsatzsteuer **vom Staat erstatten lassen.**[2] Deshalb handelt es sich bei der Umsatzsteuer im Beschaffungsbereich um einen Geldrückfluss, der zu einem späteren Zeitpunkt erstattet wird. Voraussetzung für eine Erstattung ist eine Eingangsrechnung mit Ausweis der Umsatzsteuer.

Merke! Die Umsatzsteuer gehört nicht zu den unternehmerischen Kosten bei der Herstellung der Unternehmensleistung. Sie ist für das Unternehmen wettbewerbsneutral. Man bezeichnet die Umsatzsteuer deshalb auch als **durchlaufenden Posten,** der das Unternehmensergebnis[3] nicht belastet.

Bis zur Erstattung der Vorsteuer durch den Staat hat das Unternehmen einen Zahlungsanspruch und damit eine Forderung an das Finanzamt (**Vorsteuer-Forderung**[4]).

[1] Nettobetrag der Ware + Umsatzsteuer

= Bruttobetrag der Ware

[2] § 15 Abs. 1 UStG
Ein Unternehmer (§ 2 UStG) führt eine selbstständige berufliche oder gewerbliche Tätigkeit aus.

[3] **Unternehmensergebnis:** Gewinn oder Verlust

[4] **Vorsteuer-Forderung:** Anspruch des Unternehmens auf Rückerstattung der im Einkauf bezahlten Umsatzsteuer (Vorsteuer) vom Staat

5.3 Die Umsatzsteuer bekommt der Staat

In regelmäßigen Abständen muss die vereinnahmte Umsatzsteuer mit der gezahlten Vorsteuer verrechnet und die Ausgleichszahlung an den Staat vorgenommen bzw. angefordert werden. Diese Verrechnung erfolgt mit dem zuständigen Finanzamt.

Beispiel Im September wurden neben dem Geschäft mit den bedruckten T-Shirts noch zahlreiche weitere Beschaffungs- und Absatzvorgänge getätigt. Dafür wurde den Kunden Umsatzsteuer in Höhe von insgesamt 44.459,62 € berechnet. Im gleichen Zeitraum betrug die gezahlte Vorsteuer 22.389,52 €.

Für den Abrechnungsmonat September müsste die BE Partners KG einen Umsatzsteuerbetrag von 44.459,62 € an das zuständige Finanzamt abführen, während gleichzeitig Vorsteuer in Höhe von 22.389,52 € erstattet werden soll. Aus Vereinfachungsgründen sieht das Verfahren deshalb vor, dass die Beträge verrechnet werden und nur der Differenzbetrag abgeführt bzw. erstattet wird.

Merke! Summe der im Voranmeldezeitraum erhaltenen Umsatzsteuer
– Summe der im Voranmeldezeitraum bezahlten Vorsteuer

= Umsatzsteuer-Schuld bzw. -Guthaben

Muss die BE Partners KG – wie dies der Normalfall ist – Steuern an das Finanzamt abführen, so spricht man von einer **Umsatzsteuerzahllast**[1]. In seltenen Fällen kann es aber auch dazu kommen, dass das Unternehmen höhere Anschaffungen als Umsätze getätigt hat und die gezahlte Vorsteuer die vereinnahmte Umsatzsteuer übersteigt. Dann liegt keine Steuerschuld, sondern eine Steuerforderung gegenüber dem Staat vor. Dieser sogenannte **Vorsteuerüberhang**[2] wird vom zuständigen Finanzamt zurückerstattet.

1 Umsatzsteuer > Vorsteuer: **Umsatzsteuerzahllast**

2 Umsatzsteuer < Vorsteuer: **Vorsteuerüberhang**

Für den Abrechnungsmonat September sieht die Ermittlung der Steuerschuld folgendermaßen aus:

Beispiel Summe der Umsatzsteuer	44.459,62 €
– Summe der Vorsteuer	22.389,52 €
= Umsatzsteuer-Schuld (Zahllast)	22.070,10 €

Damit die Zahllast nicht nur rechnerisch zustande kommt, sondern auch verbucht werden kann, müssen die Konten Vorsteuer und Umsatzsteuer miteinander verrechnet werden. Hierzu wird zunächst auf dem Konto Vorsteuer der Saldo in Höhe von 22.389,52 € ermittelt und auf das Konto Umsatzsteuer übertragen. Damit wird das Vorsteuer-Konto buchhalterisch abgeschlossen und ist für die weitere Betrachtung nicht mehr von Bedeutung.

3 Auf den Konten Vorsteuer bzw. Umsatzsteuer wurden alle vorhandenen Buchungen zu einem Betrag zusammengefasst. Dies dient lediglich der besseren Übersicht.

S	2600 Vorsteuer		H	S	4800 Umsatzsteuer		H
...[3]	22.389,52	Saldo	22.389,52	→ Vorst.	22.389,52	...[3]	44.459,62
	22.389,52		22.389,52	Saldo	22.070,10		
					44.459,62		44.459,62

#	Beleg-Nr.	Soll	€	Haben	€
313	IB36	4800 Umsatzsteuer	22.389,52	2600 Vorsteuer	22.389,52

Wird nun auch auf dem Konto Umsatzsteuer der Saldo ermittelt, ergibt sich eine **Zahllast** in Höhe von 22.070,10 €, da die Umsatzsteuer höher als die Vorsteuer ist.

Die Überweisung der Zahllast an das zuständige Finanzamt führt zu einer Verringerung auf dem Bankkonto der BE Partners KG. Die Umsatzsteuer-Verbindlichkeit wird entsprechend der Saldierung im Soll gebucht, da diese durch die Zahlung erlischt.[1]

#	Beleg-Nr.	Soll	€	Haben	€
314	IB37	4800 Umsatzsteuer	22.070,10	2800 Bankguthaben	22.070,10

Nach Überweisung der Zahllast hat die BE Partners KG **weder** eine **Steuerschuld noch** ein **Steuerguthaben**, die beiden Konten Vorsteuer-Forderung und Umsatzsteuer-Verbindlichkeit sind ausgeglichen.[2]

Die Ermittlung der entsprechenden Steuerschuld muss regelmäßig erfolgen. Hierzu hat der Gesetzgeber einen sogenannten **Voranmeldezeitraum**[3] festgelegt. Jedes Unternehmen gibt bis zum **10. Tag nach Ablauf dieses Zeitraums** eine Voranmeldung ab und leistet gleichzeitig eine **Vorauszahlung** der zu erwartenden Zahllast an das zuständige Finanzamt. Diese Meldung erfolgt heute zwingend elektronisch, z. B. über das ElsterOnline-Portal:

Bei einer Steuerschuld von unter 1.000,00 € kann das Finanzamt das Unternehmen von der Abgabe einer Voranmeldung und der Vorauszahlung befreien.[4]

Merke! Bis zur (vollständigen) Überweisung der Zahllast ist diese für die BE Partners KG eine Verbindlichkeit. Bei einem Vorsteuerüberhang handelt es sich hingegen um eine Forderung gegenüber dem Finanzamt.

Randspalte:

1 Vgl. z. B. Zahlung einer offenen Lieferantenrechnung, bei der die Verbindlichkeit aus Lieferungen und Leistungen durch eine entsprechende Sollbuchung erlischt.

2
Umsatzsteuer	44.459,62
− Vorsteuer	− 22.389,52
= Zahllast	22.070,10
− Überweisung ans Finanzamt	− 22.070,10
	0,00

3 § 18 Abs. 1 UStG; Voranmeldezeitraum ist

– das Kalendervierteljahr, wenn die abzuführende Umsatzsteuer im vergangenen Kalenderjahr nicht mehr als 7.500,00 € betrug (§ 18 Abs. 2 UStG).

– der Kalendermonat, wenn die abzuführende Umsatzsteuer mehr als 7.500,00 € im vergangenen Kalenderjahr betrug oder das Unternehmen im Laufe des Kalenderjahres gegründet wurde (§ 18 Abs. 2 Satz 4 UStG).

4 § 18 Abs. 2 Satz 3 UStG

5.4 Das Mehrwertsteuersystem

Viele Erzeugnisse werden heute in aufeinander aufbauenden Produktionsstufen[1] von mehreren Unternehmen hergestellt. Durch die Leistung jedes beteiligten Unternehmens erhöht sich der Wert des Erzeugnisses (**Wertschöpfung**[2]). Jedes beteiligte Unternehmen hat einen **Mehrwert** am Produkt geschaffen. Diese Arbeitsteilung führt zu Absatz- und Beschaffungsgeschäften zwischen den Unternehmen der einzelnen Produktionsstufen, deren Umsätze der Umsatzsteuer unterliegen.[3] Wie wirkt sich dies aber nun auf die Besteuerung des Endprodukts aus? Die Antwort auf diese Frage soll anhand des Kundenauftrags aus dem Einstiegsbeispiel gegeben werden.

1 Produktionsstufen
➔ FK 1, LF 1, Kap. 2.2.1

2 Wertschöpfung: der von jedem Unternehmen zusätzlich geschaffene Wert (= Mehrwert) einer Ware oder Leistung

3 Die Umsatzsteuer ist eine Allphasen(netto)steuer, die auf jeder Produktions- bzw. Wirtschaftsstufe vom Nettobetrag erhoben wird.

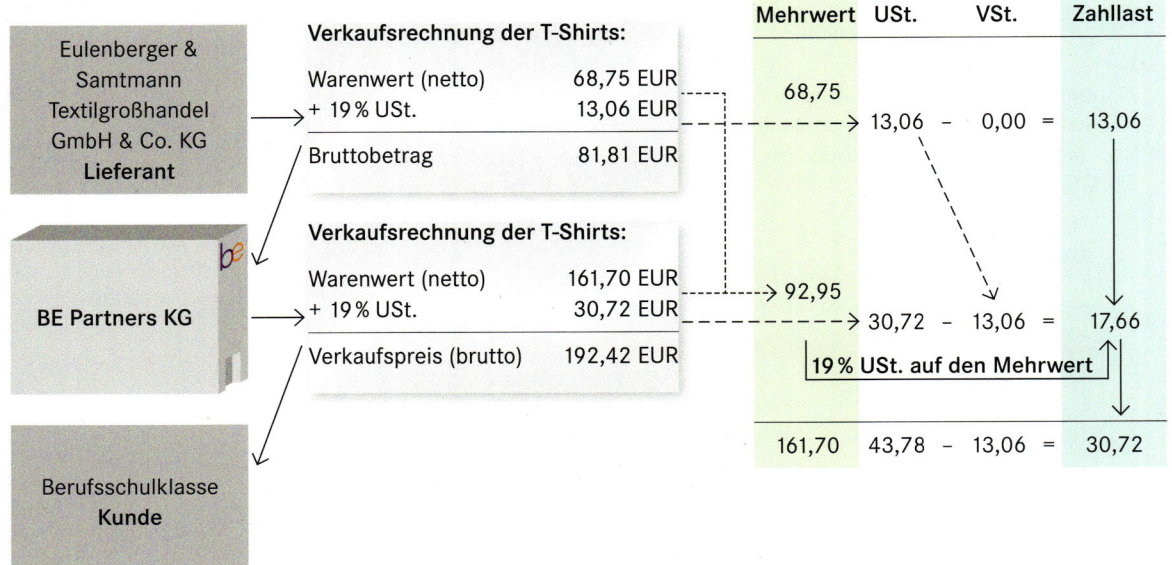

Eulenberger & Samtmann Textilgroßhandel GmbH & Co. KG **Lieferant**

Verkaufsrechnung der T-Shirts:

Warenwert (netto)	68,75 EUR
+ 19 % USt.	13,06 EUR
Bruttobetrag	81,81 EUR

BE Partners KG

Verkaufsrechnung der T-Shirts:

Warenwert (netto)	161,70 EUR
+ 19 % USt.	30,72 EUR
Verkaufspreis (brutto)	192,42 EUR

Berufsschulklasse **Kunde**

	Mehrwert	USt.	VSt.	Zahllast
	68,75	13,06 − 0,00 =		13,06
	92,95	30,72 − 13,06 =		17,66
		19 % USt. auf den Mehrwert		
	161,70	43,78 − 13,06 =		30,72

Addiert man den von jedem Unternehmen geschaffenen Mehrwert des Produkts, so ergibt sich der gesamte Warenwert (netto) des Endprodukts. Die auf jeder Produktionsstufe abgeführte Umsatzsteuer-Zahllast entspricht der Umsatzsteuer auf den dort geschaffenen Mehrwert.[4] Jedes Unternehmen müsste eigentlich nur den Mehrwert der Steuerberechnung zugrunde legen. Tatsächlich wird die Umsatzsteuer immer vom gesamten Warenwert ermittelt. Das würde Produkte, die in mehreren aufeinander folgenden Produktionsstufen hergestellt werden, erheblich verteuern. Deshalb dürfen Unternehmen die gezahlte Vorsteuer – und damit die auf den Warenwert der vorherigen Produktionsstufe berechnete Umsatzsteuer – abziehen. Damit ergibt sich nur eine Besteuerung des jeweiligen Mehrwerts.

Da die Umsatzsteuer faktisch eine Steuer auf den Mehrwert der Ware darstellt, bezeichnet man sie im Alltag auch als **Mehrwertsteuer.** Die korrekte Bezeichnung ist jedoch der im Gesetz verwendete Begriff Umsatzsteuer.[5]

4 Lieferant:
Mehrwert = 68,75 €
USt = 13,06 €

BE Partners KG:
Mehrwert = 92,95 €
USt = 17,66 €

Staat:
13,06 € + 17,66 € = 30,72 €

5 Im englischen Sprachraum heißt es value added tax (VAT) = Mehrwertsteuer.

5.5 Die Umsatzsteuer in Deutschland

Jeden Tag wird eine riesige Anzahl von Waren und Dienstleistungen verkauft, d. h. gegen Entgelt ausgetauscht, die meisten davon unterliegen der Umsatzsteuer, es handelt sich um **steuerbare Umsätze**.[1] Zu den **nicht steuerbaren Umsätzen** zählen Vorgänge, bei denen die wirtschaftliche Verbindung zwischen Leistung und Gegenleistung fehlt (z. B. Zahlung eines echten Schadensersatzes, Mitgliedsbeiträge an einen Turnverein) oder überhaupt keine Gegenleistung vorhanden ist (z. B. Erbschaft, Schenkung). Verkäufe von Privatpersonen sind ebenfalls nicht steuerbar, da § 1 UStG von Lieferungen und Leistungen eines Unternehmers ausgeht. In allen anderen Fällen handelt es sich um steuerbare Umsätze, die grundsätzlich der Umsatzsteuer unterliegen.

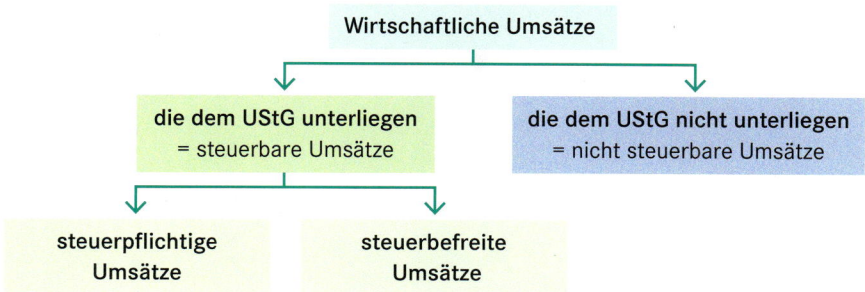

Die überwiegende Anzahl der steuerpflichtigen Umsätze unterliegt dem **Regelsteuersatz** von 19 %.[2] Für bestimmte Lieferungen und Leistungen **ermäßigt** sich der Steuersatz auf 7 %, um die Bedürfnisse des täglichen Lebens nicht zu sehr zu verteuern. Hierunter fallen z. B. viele Lebensmittel, Zeitungen, Beförderung von Personen im öffentlichen Schienen- und Busverkehr sowie mit Taxen innerhalb einer Gemeinde bzw. bis zu einer Beförderungsstrecke von höchstens 50 km.

Der Katalog der Leistungen, die dem ermäßigten Umsatzsteuersatz unterliegen, bildet die Anlage 2 zum UStG und umfasst sechs Druckseiten. Gerade bei Lebensmitteln ist die Zuordnung zum vollen oder zum ermäßigten Umsatzsteuersatz oft schwer nachzuvollziehen. Es wird zwischen Lebensmitteln unterschieden, die mit 7 % belegt sind, und Getränken (alkoholisch oder nicht), die dem normalen Umsatzsteuersatz unterliegen. Milch als Grundnahrungsmittel gehört zu den mit 7 % belegten Artikeln. Bei fertig zubereiteten Speisen richtet sich der Steuersatz danach, ob die Lieferung der Ware oder die Dienstleistung überwiegt: Essen, das man aus dem Schnellrestaurant mitnimmt, wird mit 7 % besteuert, wenn man es vor Ort verzehrt, beträgt der Steuersatz 19 %.

Eine Reihe von Unternehmensleistungen ist von der Besteuerung komplett befreit.[3] Hierzu zählen u. a.:

– Umsätze im Geld- und Kreditverkehr von Banken, z. B. Aufnahme von Krediten oder Bareinzahlungen auf Girokonten, Zinsumsätze,
– Erwerb und Veräußerung von **Grundstücken**[4],
– Umsätze im **Versicherungsgeschäft**[5],
– Umsätze im Postwesen der Deutschen Post AG, z. B. Porto,
– Umsätze aus **Vermietung**[6] und Verpachtung,
– Umsätze der gesetzlichen Sozialversicherung, Renten- oder Krankenleistungen.

1 Unter einem Umsatz versteht der Gesetzgeber Lieferungen oder Leistungen eines Unternehmers im Inland der Bundesrepublik Deutschland (§ 1 Abs. 2 UStG) gegen Zahlung eines Entgelts.

2 § 1 Abs. 1 Nr. 1 UStG, § 12 UStG
Steuersätze
allgemein: 19 %
ermäßigt: 7 %

3 §§ 4 Nr. 8 – 28, 4b, 5 UStG

4 Umsätze mit **Grundstücken** unterliegen in Deutschland der Grunderwerbsteuer, die grundsätzlich 3,5 % vom Verkaufspreis beträgt, wobei die einzelnen Bundesländer einen höheren Satz festlegen können.

5 Beiträge und Prämienzahlungen werden mit einer eigenen **Versicherungssteuer** belegt, diese beträgt aber ebenfalls 19 %.

6 Mietzahlungen für **Vermietung** und Verpachtung mit überwiegend gewerblichem Anteil sind umsatzsteuerpflichtig (§ 4 Nr. 12 Satz 2 UStG).

5.6 Die Rechnung als Grundlage für die Besteuerung

Verkaufsvorgänge werden üblicherweise schriftlich dokumentiert und es wird über die Lieferung und Leistung eine **Rechnung**[1] ausgestellt, die neben den einzelnen Nettoleistungen und -beträgen die Umsatzsteuer und den gesamten Rechnungsbetrag ausweist.

1 Eine **Rechnung** im Sinne des UStG ist ein Dokument zur Abrechnung einer unternehmerischen Leistung (§ 14 Abs. 1 UStG).

§ 14 Abs. 4 UStG

Eine Rechnung muss folgende Angaben enthalten:

– den vollständigen Namen und die vollständige Adresse des leistenden Unternehmers und des Leistungsempfängers, **1**
– die [...] erteilte Steuernummer oder die [...] erteilte Umsatzsteueridentifikationsnummer, **2**
– das Ausstellungsdatum, **3**
– eine fortlaufende Nummer [...], die zur Identifizierung der Rechnung vom Rechnungsaussteller einmalig vergeben wird (Rechnungsnummer), **4**
– die Menge und die Art (handelsübliche Bezeichnung) der gelieferten Gegenstände oder den Umfang und die Art der sonstigen Leistung, **5**
– den Zeitpunkt der Lieferung oder sonstigen Leistung [...], **6**
– das nach Steuersätzen [...] aufgeschlüsselte Entgelt für die Lieferung oder sonstige Leistung **7** sowie jede im Voraus vereinbarte Minderung des Entgelts [...], **8**
– den anzuwendenden Steuersatz **9** sowie den auf das Entgelt entfallenden Steuerbetrag [...]. **10**

BE Partners KG, Postfach 10 01 04, 53100 Bonn

1

Berufskolleg Bonn-Nord
Tobias Schranner
Römerstraße 422
53117 Bonn

Bitte bei Zahlung immer angeben:
Ihre Kundennummer: **30017**
Rechnungsnummer: **48473/20XX** **4**

Name: Ulrike Fuchs
Telefon: +49 228 1236-287
Telefax: +49 228 1236-111
E-Mail: u.fuchs@bepartners.de

Datum: 30.01.20XX **3**

Rechnung zum Auftrag Nr. 48473A vom 07.01.20XX
Leistungsmonat: Januar **6**

Pos.	Art.-Nr.	Bezeichnung	Menge	Einzelpreis €	Rabatt %	Betrag €
1	D1330	Erstellung Druckvorlage nach Vorgabe	0,5 h	48,95		48,95
2	T0102	T-Shirt, weiß, mit Aufdruck nach Vorlage	25 St.	4,51		112,75
Summe Positionen						161,70
Lieferkosten						0,00
Rechnungsbetrag netto						161,70
Umsatzsteuer 19 %						30,72
Rechnungsbetrag (inkl. USt)						**192,42**

(Positionen: **5**, **8**, **7**; Umsatzsteuer 19 %: **9**, **10**)

BE Partners KG
53119 Bonn

Geschäftsführender
Gesellschafter
Rolf Bastian

Schlesienstraße 490 – 492
53119 Bonn

✉ info@bepartners.de
🖥 www.bepartners.de

Sparkasse KölnBonn
BLZ   370 501 98
Konto 900 521 866
BIC   COLSDE33XXX
IBAN   DE90 3705 0198 0900 5218 66

Volksbank Bonn Rhein-Sieg eG
BLZ   380 601 86
Konto 920 613 740
BIC   GENODED1BRS
IBAN   DE10 3806 0186 0920 6137 40

Amtsgericht   Bonn
Handelsregister A 96617/124

Umsatzsteuer-ID DE1457777987

Diese umfangreichen Anforderungen an den Inhalt einer Rechnung sind bei Barverkäufen des täglichen Bedarfs nur mit großem Aufwand zu erfüllen. Deshalb erlaubt der Gesetzgeber bei Verkäufen bis maximal **250,00 €** (brutto), eine sogenannte **Kleinbetragsrechnung** als vereinfachte Form der Rechnungsstellung auszustellen.[1] Für Kleinbetragsrechnungen genügen:

- Angaben zum leistenden Unternehmen,
- Ausstellungsdatum,
- Beschreibung der Leistung,
- Gesamtsumme aus Entgelt und Steuerbetrag,
- Steuersatz.

Heute nutzen immer mehr Unternehmen die komfortable und kostengünstige Möglichkeit, Rechnungen auf elektronischem Wege (z. B. per E-Mail als PDF-Dokument) an ihre Kunden zu versenden. Im elektronischen Datenverkehr besteht grundsätzlich die Gefahr, dass Inhalte verfälscht oder vollständig vorgetäuscht (fingiert) werden können. Da Rechnungen Unternehmen zum Abzug der geleisteten Vorsteuer berechtigen, muss die Echtheit dieser elektronischen Dokumente eindeutig nachweisbar sein. Viele nutzen daher freiwillig elektronische Signaturen oder andere Systeme (z. B. EDI – Electronic Data Interchange).[2]

1 § 33 UStDV; die vereinfachte Form gilt auch für Fahrausweise in der Personenbeförderung.

2 elektronische Rechnung: § 14 Abs. 3 UStG

Alles klar?

1 Beschreiben Sie, wie die Umsatzsteuer ermittelt wird.

2 Erläutern Sie, weshalb man bei der Umsatzsteuer von einer Nettosteuer spricht.

3 Wer ist Steuerträger und Steuerschuldner der Umsatzsteuer?

4 Weshalb handelt es sich bei der Umsatzsteuer um eine Verbindlichkeit gegenüber dem Staat?

5 Erläutern Sie, weshalb man bei der Umsatzsteuer von einer Umsatzsteuer-Verbindlichkeit sprechen kann.

6 Weshalb handelt es sich bei der Vorsteuer um eine Forderung an den Staat?

7 Erläutern Sie, warum man bei der Vorsteuer von einer Vorsteuer-Forderung sprechen kann.

8 Die Umsatzsteuer wird auch als durchlaufender Posten für das Unternehmen betrachtet. Erläutern Sie, weshalb dies so ist.

9 Was versteht man unter der Zahllast und wie wird diese ermittelt?

10 Beschreiben Sie, wie ein Vorsteuerüberhang zustande kommt.

11 Erläutern Sie, was unter dem Voranmeldezeitraum zu verstehen ist.

12 Welche Fristen müssen Unternehmen für den Voranmeldezeitraum beachten?

13 Beschreiben Sie das Mehrwertsteuersystem anhand eines geeigneten Beispiels.

14 Unterscheiden Sie steuerpflichtige und steuerbefreite Umsätze im deutschen Umsatzsteuersystem. Finden Sie passende Beispiele.

15 Aus welchen Gründen hat der Gesetzgeber manche Umsätze von der Umsatzsteuer befreit?

16 Die Umsatzsteuer kann nur dann mit dem Finanzamt abgerechnet werden, wenn eine ordnungsgemäße Rechnung vorliegt. Wann ist dies der Fall?

17 Erstellen Sie für die folgenden Geschäftsvorgänge die jeweiligen Buchungssätze.

a) Aus den täglichen Bargeschäften hat sich eine größere Geldsumme i. H. v. 1.200,00 € angesammelt, die nun auf das Geschäftskonto einbezahlt werden soll.

b) Die Vorräte an Handelswaren neigen sich dem Ende zu, so dass eine Warenbestellung beim Lieferanten veranlasst wird. Kurze Zeit später trifft die Lieferung im Gesamtwert von 8.350,00 € (netto) ein.*

c) Eine Mitarbeiterin aus der Verwaltung hat heute 150 Briefmarken im Wert von je 1,45 € bei einer Postfiliale besorgt und bar bezahlt.

d) Für das Einkaufsland Neuwelt KG wurde eine Werbekampagne entworfen und realisiert. Der Gesamtauftragswert liegt bei 9.225,00 € (brutto). Heute wurde die Rechnung verschickt.

e) Der bestellte Nachschub an Verpackungsfolie und Kartonagen wurde heute geliefert. Laut Eingangsrechnung beläuft sich die gesamte Lieferung auf 3.800,00 € (netto).*

f) Für die Herstellung von glänzenden Flyern wurde bei der Papierhandel Olme OHG spezielles Papier gekauft. Der Rechnungsbetrag lautet über 16.350,00 € (netto).*

g) Kurz vor dem Ende der Zahlungsfrist wird die Eingangsrechnung aus Aufgabe b) per Banküberweisung bezahlt.

h) Für eine Fachzeitschrift ist die jährliche Abonnementgebühr i. H. v. 215,00 € (netto) fällig. Sie wird per Banküberweisung bezahlt.

i) Durch den internen Umzug der Personalabteilung müssen einige neue Schränke und Aufbewahrungsmöglichkeiten angeschafft werden. Die Gesamtausgaben belaufen sich hierfür auf 2.150,00 € (netto) und werden auf Ziel bezahlt.

j) Gestern wurden insgesamt 35 Plakataufsteller an einige örtliche Händler verkauft. Der Angebotspreis (brutto) lag bei 135,50 €. 15 Aufsteller wurden bar, der Rest auf Rechnung gekauft.

k) Was für ein Pech: Einer der Käufer bringt heute 3 Plakataufsteller wieder zurück, da sie sich nicht aufstellen lassen. Die BE Partners KG nimmt sie anstandslos zurück und erstattet den Kaufpreis bar.

m) Für die Druckerei werden die Vorräte an Grundfarben aufgefüllt. Der Händler berechnet für die bestellten Farben insgesamt 7.356,50 € (brutto). Unmittelbar nach Eingang der Lieferung wird der Kaufpreis per Banküberweisung bezahlt.*

n) Ein Stammkunde meldet sich per Telefon und schildert, er habe eine Rechnung versehentlich doppelt überwiesen. Nach kurzer Kontrolle des Kundenkontos kann die Doppelzahlung bestätigt werden. Die BE Partners KG überweist ihm daher den zu viel bezahlten Betrag von 356,50 € zurück.

o) Die in Aufgabe e) bezogenen Verpackungsmaterialien werden per Banküberweisung bezahlt.

p) Die neuen Büromöbel aus Aufgabe i) stehen zur Zahlung an.

* Diese Aufgaben können Sie entweder bestands- oder aufwandsorientiert buchen. Für eine ausführliche Darstellung siehe Kapitel 6.1.1.

6 Typische Buchungen im Unternehmen

→ **LS 56 A** Typische Beschaffungsbuchungen

6.1 Buchungen bei Beschaffungsvorgängen

6.1.1 Vorrats- oder Verbrauchsbeschaffung – eine Frage der Lagerhaltung

In der Anfangszeit wurden bei der BE Partners KG alle möglichen Materialien für die Produktion (z. B. Druckpapier und -farben, Schmiermittel, Öl) oder für den Versand der Erzeugnisse (z. B. Verpackungsmaterial, Kartonagen, Folien) gelagert. Dieses Vorratsvermögen[1] wird nur kurzfristig bis zum Verbrauch in der Produktion auf Lager gehalten. Bei Bedarf wird es bei den Lieferanten nachbestellt, da Vorratsvermögen nur einmal eingesetzt werden kann.

Die Beschaffung von Vorratsvermögen wird buchhalterisch auf **Bestandskonten** erfasst, wie z. B. auf den Konten 2000 Rohstoffe, 2010 Vorprodukte oder 2280 Handelswaren. Diese Form nennt man daher auch **bestandsorientierte Beschaffung**.

Große Lagermengen verursachen hohe Kosten.

[1] Das Vorratsvermögen ist ein Teil des Umlaufvermögens und umfasst die im Lager liegenden Werkstoffe für die Produktion und den Versand sowie die bereits fertig und halbfertig hergestellten Produkte.

Beispiel Die Bergische Papierkontor GmbH lieferte mehrere Rollen Druckpapier im Gesamtwert von 10.850,00 € netto zzgl. 2.061,50 € Umsatzsteuer. Die Lieferung wurde eingelagert.

#	Beleg-Nr.	Soll	€	Haben	€
317	ER215	2000 Rohstoffe	10.850,00	4400 Verbindlichkeiten LuL	12.911,50
		2600 Vorsteuer	2.061,50		

Die Materialien des Vorratsvermögens verbleiben so lange im Lager, bis sie in der Produktion benötigt werden. Dann erstellt der zuständige Mitarbeiter eine entsprechende Materialanforderung und das Lager stellt die angeforderten Mengen bereit.

Beispiel Ayshe Arslan liegt die folgende Materialanforderung vor:

be **Material-Entnahme**		Abteilung (Kostenstelle)	Druckerei	Auftrags-Nr.:	837/294
Menge	Ein- heit	Art.-Nr.	Artikel		Preis je Einheit
5 000	100 Druck- bögen	298x/HE	Hochglanzpapier, Druckbogen bereits zugeschnitten		65,50 €

10.02.20XX	*Finke*	*A. Arslan*	Kto. 2000	Summe:	3.275,00 €
Datum	Unterschrift	Lager			

Während die benötigten Druckbögen vom Lager in die Druckerei transportiert werden, wird dieser Materialverbrauch in der Buchhaltung erfasst. Da es sich um einen internen Vorgang handelt, muss keine Umsatzsteuer bzw. Vorsteuer erfasst werden:

#	Beleg-Nr.	Soll	€	Haben	€
318	IB765	6000 Aufwand für Rohstoffe	3.275,00	2000 Rohstoffe	3.275,00

Bei der BE Partners KG ist man für bestimmte Großaufträge auf das **Just-in-Time-Verfahren** bzw. auf die **fertigungssynchrone** (auch: **aufwandsorientierte**) Beschaffung umgestiegen. Hierbei lässt die BE Partners KG die notwendigen Materialien genau dann liefern, wenn sie in der Produktion benötigt werden. So lassen sich die Vorräte und die dafür notwendigen Kosten senken.

Beispiel Für einen Großauftrag wurde das benötigte Normpapier im Wert von 2.922,22 € so bestellt, dass es pünktlich zum Andruck in der Druckerei der BE Partners KG angeliefert wird.

Nach einer kurzen Wareneingangsprüfung werden die Rohstoffe direkt in die Druckerei gegeben und dort im laufenden Produktionsprozess eingesetzt.[1] Die Lieferung wird dabei auf dem entsprechenden Aufwandskonto erfasst:

1 Durch die Just-in-Time-Anlieferung verschmelzen die Beschaffung von Ressourcen und deren Einsatz (Verbrauch) in der Produktion des Unternehmens.

Wareneingangskontrolle
→ FK 1, LF 4, Kap. 6.1

#	Beleg-Nr.	Soll	€	Haben	€
319	ER216	6000 Aufwand für Rohstoffe	2.455,65	4400 Verbindlichkeiten LuL	2.922,22
		2600 Vorsteuer	466,57		

Darüber hinaus verursacht ein Lager noch weitere Kosten, z. B. für Strom, die Brandschutzversicherung, Miete oder das Lagerpersonal. Bei Just-in-Time kann das sonst im Lager gebundene Kapital für andere Zwecke verwendet werden. Ob und in welchem Umfang die BE Partners KG das Just-in-Time-Verfahren einsetzt und so Kosten einspart, muss sie genau abwägen:

Vorteile, z. B.:	Nachteile, z. B.:
– Vorräte, die nur selten benötigt werden, werden nicht mehr auf Lager genommen, sondern nur bei tatsächlichem Bedarf bestellt. – Für die Produktion wird nur so viel bestellt, wie auch verbraucht wird. So wird nicht nur Lagerplatz eingespart, sondern auch das Wegwerfen von verderblichen Waren vermieden. – Durch ein verkleinertes oder weggefallenes Lager können ganz oder teilweise Kosten für Personal oder die Unterhaltung des Lagers eingespart werden.	– Spontane oder kurzfristige Kundenaufträge können u. U. wegen fehlender Lagervorräte nicht angenommen werden. – Der Produktionsfluss ist störanfälliger, wenn dringende Lieferungen z. B. aufgrund von Streiks, längeren Verkehrswegen oder Unzuverlässigkeit des Lieferanten ausbleiben. – Stärkere Abhängigkeit von Lieferanten, die ihre Macht nachteilig ausüben können (z. B. durch Preiserhöhungen).

6.1.2 Rabatte über Rabatte – die Preise fallen …

Beispiel „Da würde sich eine größere Bestellung ja lohnen …", so schießt es Thomas Martin aus der Einkaufsabteilung durch den Kopf, als er das Angebotsschreiben des Bergischen Papierkontors sieht. Für die laufenden Druckaufträge benötigt die BE Partners KG ohnehin noch Papier und bei einem vergünstigten Einkaufspreis könnten gleich größere Mengen beschafft werden.

Bergisches Papierkontor GmbH

SONDER-ANGEBOTE!

Im kommenden Monat gewähren wir unseren Kunden attraktive Rabattaktionen bei Abnahme größerer Bestellmengen.

Fragen Sie bei unserem Kundenservice direkt nach!

Lieferanten und Hersteller geben häufig bei Abnahme größerer Mengen **Rabatte**. Daneben gibt es eine Reihe weiterer Gründe für Rabattaktionen:

Gewinnen neuer Kunden oder Aufrechterhalten bestehender Kundenbeziehungen	
– Neukundenrabatt	Preisnachlass für neue Kunden
– Stamm- bzw. Treuerabatt	Preisnachlass für langjährige (Stamm-)Kunden
Beeinflussen der Bestellmenge	
– Mengenrabatt	Preisnachlass bei Abnahme größerer Mengen
– Dreingabe (Naturalrabatt inklusive)	ein Teil der bestellten Warenlieferung ist kostenlos
– Draufgabe (Naturalrabatt exklusive)	zusätzlich zur bestellten Warenlieferung erhält der Kunde noch weitere kostenlose Ware
weitere Anlässe	
– Wiederverkäuferrabatt	Preisnachlass für Einzel- und Großhändler, die die Waren weiterverkaufen
– Personal- bzw. Mitarbeiterrabatt	Preisnachlass für Mitarbeiter bei Einkauf aus dem eigenen Sortiment
– Sonderrabatte	z. B. bei saisonalem Ausverkauf, Räumungsverkauf usw.

Die Gründe für eine Rabattgewährung sind vielfältig, aber immer sollen Kunden zu erstmaligen, weiteren oder umfangreicheren Einkäufen angeregt werden. Um dies zu erreichen, wird bereits bei Abschluss des Kaufvertrages ein Rabatt gewährt. Ein solcher **Sofortrabatt** reduziert unmittelbar den Anschaffungspreis[1] und der neue Preis wird direkt auf der Rechnung ausgewiesen.

1 Anschaffungspreis
→ LF 6, Kap. 7.1

Beispiel Bei dem günstigen Angebot der Bergischen Papierkontor GmbH wurde eine Großbestellung im Gesamtwert von 5.381,25 € (netto) getätigt. Wenige Tage später trifft die Lieferung zusammen mit der Eingangsrechnung ein und weist den gewährten Mengenrabatt von 5 % aus. Der Warenwert reduziert sich um 269,06 € (netto).

Bergisches Papierkontor GmbH
Elberfelder Straße 85 — 42285 Wuppertal

BE Partners KG
Schlesienstraße 490 – 492
53119 Bonn

Rechnung Nr. 13644

Bearbeiter	Kundennummer	Ihre Bestellung Nr.			vom 23.04.20XX	Rechn.-Datum 26.04.20XX
Stoll	42093					
Versandart/Freivermerk		Verpackungsart			geliefert am 25.04.20XX	
Lkw/frei Haus		Karton à 5 000 Blatt				
Pos.-Nr.	Artikel-Nr.	Warenbezeichnung	Menge	Preis/Einheit €		Gesamtpreis €
1	10243	Papier Prima/weiß	525	10,25/Paket à 1 000 Blatt		5.381,25
		– 5 % Stammkundenrabatt				269,06
		= Nettorechnungsbetrag				5.112,19
		+ 19 % Umsatzsteuer				971,32
		Bruttorechnungsbetrag				6.083,51
		Bitte überweisen Sie unter Angabe der Rechnungsnummer				

Nach Prüfung der Ware und der Rechnungsdaten wird die Rechnung buchhalterisch im System mit dem folgenden Journaleintrag erfasst:

#	Beleg-Nr.	Soll	€	Haben	€
320	ER284	6000 Aufwand für Rohstoffe	5.112,19	4400 Verbindlichkeiten LuL	6.083,51
		2600 Vorsteuer	971,32		

Der Journaleintrag zeigt, dass Sofortrabatte keine Veränderung beim Buchungsvorgang mit sich bringen. Es wird einfach der neue, günstigere Einkaufspreis verbucht.

Merke! Lieferanten gewähren direkt beim Kauf einen Sofortrabatt auf den Warenwert. Dieser vermindert den Beschaffungspreis, wird aber in der Buchhaltung nicht weiter ausgewiesen, da die Beschaffung sofort mit den neuen Preisen verbucht wird.

Exkurs: Der Rabatt wurde vergessen!

Rabatte werden grundsätzlich bei Abschluss des Kaufvertrages eingeräumt. Es kann aber auch vorkommen, dass die Rabattgewährung übersehen oder vergessen wurde und man eine nachträgliche Gutschrift erhält.

Beispiel Die letzte Bestellung bei der apv Augsburger Papierveredelungsgesellschaft mbH ging so richtig schief. Neben der falsch gelieferten Ware, die mittlerweile ersetzt wurde, wurde auch der Stammkundenrabatt gänzlich übersehen. Durch ein kurzes Telefonat lässt sich der Irrtum aufklären und die BE Partners KG erhält eine Gutschrift über insgesamt 1.850,00 € (netto) als nachträglichen Rabatt.

Eine nachträglich gewährte Gutschrift reduziert die Höhe bestehender Verbindlichkeiten. Gleichzeitig vermindert sich der Warenwert der eingekauften Ressourcen (hier der Rohstoffe) und führt zu einer Habenbuchung. Durch den verminderten Warenwert muss eine Korrektur der Vorsteuer vorgenommen werden, die ebenfalls zu einer Habenbuchung führt. Damit ergibt sich folgende Journalbuchung:

#	Beleg-Nr.	Soll	€	Haben	€
321	Gu304	4400 Verbindlichkeiten LuL	2.201,50	6000 Aufwand für Rohstoffe	1.850,00
				2600 Vorsteuer	351,50

6.1.3 Wenn Ware an den Lieferanten zurückgeht …

Beispiel Ayshe Arslan kommt etwas verärgert in ihr Büro zurück. Beim Verteilen des heute gelieferten Büromaterials musste sie feststellen, dass ein Teil davon nicht bestellte Ware ist – immerhin im Wert von 185,00 € (netto). Nach einem kurzen Telefonat mit dem Lieferanten ist klar, dass die Ware umgehend wieder an ihn zurückgeht.

Dieser Vorfall ist ärgerlich, aber in jedem Unternehmen kommt es immer wieder vor, dass fehlerhafte oder falsche Ware geliefert wird. Da man damit normalerweise nichts anfangen kann, gehen solche Falschlieferungen an den Absender zurück.[1]

Der Lieferant nimmt die Ware entweder bei der nächsten Lieferung zurück oder sie wird ihm vorher zugeschickt. Der ursprüngliche Beschaffungsvorgang wird dadurch rückgängig gemacht, man sagt, er wird **storniert**. In der Buchhaltung wird ein Storno dadurch erreicht, dass die zugrunde liegende Beschaffungsbuchung nochmals erfasst wird, jedoch in **umgekehrter Reihenfolge**.

Für das Eingangsbeispiel ergibt sich damit folgende Journalbuchung:

#	Beleg-Nr.	Soll	€	Haben	€
322	ER674	4400 Verbindlichkeiten LuL	220,15	6800 Aufwand für Büromaterial	185,00
				2600 Vorsteuer	35,15

Merke! Bei Rückgabe von Waren an den Lieferanten wird der zugrunde liegende Beschaffungsvorgang storniert. Buchhalterisch geschieht dies durch eine erneute, aber seitenverkehrte Erfassung der Beschaffungsbuchung, d. h., die ursprüngliche Sollbuchung erscheint dann im Haben und umgekehrt.

6.1.4 Skonto – bei schneller Bezahlung von Rechnungen Geld sparen

Beispiel Die derzeitige Ausbildungsstation von Florian Hamm ist die Buchhaltung. Dort unterstützt er Anton Gerke im Bereich des Kreditorenmanagements. Aktuell steht ein Zahlungslauf offener Lieferantenverbindlichkeiten an. Bevor diese in der EDV freigegeben werden, soll Florian die Überweisungsbeträge und mögliche Skontoabzüge prüfen.

Wenn die BE Partners KG die ihr von Lieferanten eingeräumten **Zahlungsfristen** komplett ausnutzt, bevor sie offene Rechnungen begleicht, zahlt sie „**rein netto**"[2]. Damit lässt sich die Liquidität langfristiger planen.[3] Offene Verbindlichkeiten werden jedoch oft deutlich vor dem Fälligkeitstermin bezahlt, und zwar dann, wenn sich dadurch der zu zahlende Rechnungsbetrag reduzieren lässt. Wird die Rechnung bereits innerhalb einer **kürzeren Skontofrist** (meist sind dies 8 bis 15 Tage ab Erhalt der Rechnung) gezahlt, so gewähren viele Lieferanten einen **Preisnachlass** (**Skonto**)[4] auf den Warenwert der Lieferung in Höhe eines bestimmten Prozentsatzes (**Skontosatz**). Die Dauer der Zahlungs- und Skontofrist ebenso wie die Höhe des Skontosatzes legt der Lieferant fest. Er entscheidet, ob er überhaupt Skonto gewährt, und wenn ja, welche Leistungen (nur der Warenwert oder z. B. auch Transportleistungen) skontierbar sind.

Beispiel Kunden der Werbeartikel Schnürer GmbH erhalten 2 % Skonto auf den Rechnungsbetrag, sofern dieser innerhalb von 10 Tagen ab Erhalt der Rechnung gezahlt wird. Für die BE Partners KG ergibt sich dadurch eine Ersparnis von 6,25 € (brutto), bezogen auf den gesamten Warenwert.[5]

1 Gründe für eine Rücksendung:
– mangelhafte Ware (Qualität, Produkteigenschaften usw.)
– falsche Ware
– mehr Ware erhalten als bestellt
– Ware zu spät erhalten, die nicht mehr verwendet werden kann, z. B. bei Terminaufträgen

2 Formulierungen wie z. B. „netto Kasse" oder „ohne Abzug" haben die gleiche Bedeutung.

3 Informationen zur Liquiditätsplanung erhalten Sie in Lernfeld 9.

4 ital. **Sconto** = Nachlass Skonto = Barzahlungsrabatt für frühzeitige Zahlung

5

Rechnungsbetrag brutto	312,38 €
– 2 % Skonto brutto	6,25 €
= Zahlungsbetrag brutto	306,13 €
Skonto brutto	6,25 €
– 19 % USt.	1,00 €
= Skonto netto	5,25 €

Ein in Anspruch genommenes Skonto reduziert den Zahlungs- und damit den Überweisungsbetrag an den Lieferanten. Da sich das Skonto immer auf eine bestimmte Warenlieferung bezieht, wird der Warenwert **nachträglich** um den Skontobetrag vermindert. Bei der Bezahlung ergibt sich dann folgender Eintrag im Buchungsjournal:

SCHNÜRER

Werbeartikel & mehr!

Werbeartikel Schnürer GmbH · Postfach 10 05 78 · 41705 Viersen

BE Partners KG
Schlesienstraße 490–492
53119 Bonn

Name: Marcus Hoffmann
Telefon: 02162 367594-0
Telefax: 02162 367594-13
E-Mail: marcus.hoffmann@werbeartikel-viersen.de

Datum: 26.03.20XX

Rechnung 39473/94
Kd-Nr. 6874

Art.-Nr	Menge	Beschreibung	Einzelpreis/€
73b	1750	Kugelschreiber blau basic	0,15
Gesamtpreis			262,50
19% UST			49,88
Gesamtpreis brutto			312,38

Bei Zahlung innerhalb 10 Tagen gewähren wir 2% Skonto auf den Rechnungsbetrag (6,25 € brutto). Rein netto innerhalb von 30 Tagen.

#	Beleg-Nr.	Soll	€	Haben	€
325	Kto483	4400 Verbindlichkeiten LuL	312,38	2800 Bankguthaben	306,13
				6082 Nachlässe für Aufwand Handelsware	5,25
				2600 Vorsteuer	1,00

Die Verbindlichkeiten in ihrer ursprünglichen Höhe erlöschen durch die Bezahlung vollständig (Sollbuchung). Das Bankguthaben verringert sich um den Überweisungsbetrag (Habenbuchung). Da der Skontoabzug zu einer nachträglichen Verringerung des Warenwertes führt, wird dieser auf einem eigenen Konto Nachlässe[1] auf der Habenseite erfasst. Mit dem verminderten Warenwert sinkt auch die gezahlte Vorsteuer und muss entsprechend auf der Habenseite korrigiert werden.

Ob ein angebotenes Skonto in Anspruch genommen werden soll oder nicht, lässt sich sehr einfach beantworten: Es lohnt sich immer! Die Ersparnis in Höhe des Skonto sollte immer genutzt werden, selbst dann, wenn für eine frühzeitige Zahlung keine ausreichenden finanziellen Mittel vorhanden sind und das Geschäftskonto überzogen werden muss. Bei einem Skonto von 2% bei Zahlung innerhalb von 10 Tagen und einem Zahlungsziel von 30 Tagen würde man bei Nichtausnutzung des Skontos für diesen Lieferantenkredit einen Zinssatz von 2% für 20 Tage bezahlen, was einem Jahreszinssatz von 36,7%[2] entspricht.

[1] Das Konto **Nachlässe** wird am Jahresende mit dem Warenkonto (hier: Aufwand für Handelsware) verrechnet.

[2] $\dfrac{2\% \cdot 360}{20 \cdot 98\%} = 36{,}735\%$

Merke! Der von Lieferanten gewährte Skonto reduziert nachträglich die Beschaffungskosten für Waren und wird buchhalterisch als Nachlass erfasst. Durch den verringerten Warenwert muss auch die Vorsteuer berichtigt werden.

6.1.5 Leistungen fremder Unternehmen nutzen

Beispiel Die Hard- und Software Handels- und Beratungshaus GmbH in Aachen möchte ein neues Erscheinungsbild und hat bei der BE Partners KG die Entwicklung eines Corporate Design sowie die Neugestaltung der bisherigen Website in Auftrag gegeben. Die Website soll durch ein modernes Layout und eine komfortable Bedientechnik Kunden ein beeindruckendes visuelles Erlebnis bieten. Die Programmierung ist aber sehr zeitintensiv und bei der schon ausgelasteten Kapazität in der Werbeagentur der BE Partners KG bis zum vereinbarten Termin nicht zu schaffen. Daher wird ein externes Softwarehaus damit beauftragt.

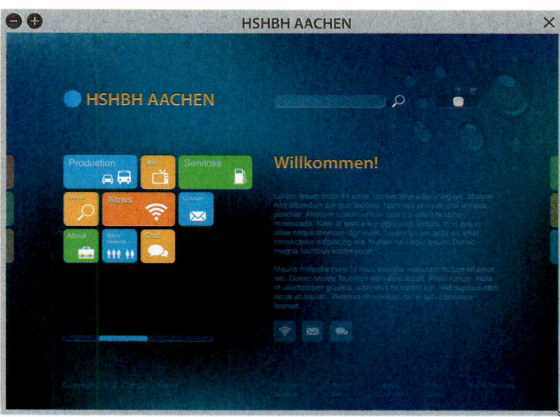

Die BE Partners KG stellt die Produkte und Dienstleistungen ihres umfangreichen Sortiments in erster Linie selbst her. Ab und zu müssen Teile des Produktionsprozesses auf andere Unternehmen ausgelagert werden, z. B. wenn es sich um spezielle Bearbeitungsvorgänge handelt oder zeitliche Vorgaben bei der Selbsterstellung nicht eingehalten werden könnten.[1]

1 Die Zusammenarbeit zwischen den beteiligten Unternehmen wird über Dienstleistungs- oder Werkverträge geregelt.

Vertragsarten
➔ FK 1, LF 4, Kap. 5.3.4

Fremdleistungen lassen sich je nach Einsatzbereich unterscheiden:

– **Fremdleistungen im Material- und Produktionsbereich**

Für Leistungen fremder Unternehmen bei der Be- oder Verarbeitung von Material oder im Verlauf der Erstellung des Gesamtproduktes werden die berechneten Kosten als **Aufwand für bezogene Leistungen** erfasst.[2] Neben den Lohnkosten, die bei der Fertigung der eigenen Erzeugnisse durch andere Unternehmen entstehen, sind dies Kosten für in Auftrag gegebene Konstruktions-, Entwicklungs-, Versuchs- oder Montageleistungen.[3]

2 Konto: 6100

3 Bei der BE Partners KG: Produktion einer Werbe-CD für einen Kunden durch ein Medienunternehmen

Die Erstellung der Website aus dem Einstiegsbeispiel zählt zu bezogenen Fremdleistungen im Produktionsbereich, da sie extern erbracht wird.

– **Fremdleistungen im Vertriebsbereich**

Beim Vertrieb der Erzeugnisse werden oft selbstständige (Handels-)Vertreter eingesetzt. Diese erhalten abhängig vom erzielten Umsatz eine **Vertriebsprovision**.[4]

4 Konto: 6150

Noch häufiger werden Transportunternehmen, sogenannte Frachtführer oder Spediteure, mit dem Transport der Produkte zum Endkunden beauftragt. Die erbrachte Leistung wird der BE Partners KG zunächst in Rechnung gestellt und als Aufwand für **Ausgangsfrachten und Nebenkosten (Fremdlager)**[5] erfasst. Meist erfolgt später eine Weiterbelastung dieser Kosten an den Endkunden.

5 Konto: 6140
Kann einem Kunden z. B. die bestellte Ware nicht zugestellt werden, wird diese bis zur Abnahme in einem Fremdlager zwischengelagert. Die hierfür entstehenden Kosten werden dem Kunden dann weiterbelastet.

– **Reparaturleistungen**

Der Haustechniker der BE Partners KG kann kleinere Störungen an den technischen Anlagen meist selbst beheben. Größere Instandsetzungen müssen von Fachleuten bzw. direkt vom Hersteller der Produktionsanlagen durchgeführt werden. Die dadurch entstehenden Kosten werden als Aufwand für **Fremdinstandhaltung**[6] verbucht. Auf diesem Konto werden zusätzlich die Kosten für das benötigte Reparaturmaterial oder auch die in Rechnung gestellte Arbeitsleistung verbucht.

6 Konto: 6160

– Sonstige in Anspruch genommene Fremdleistungen

In der betrieblichen Praxis können noch weitaus mehr Leistungen anderer Unternehmen in Anspruch genommen werden. Buchhalterisch werden diese dann als Aufwand für **sonstige bezogene Leistungen**[1] erfasst, sofern sie keinem der anderen Bereiche zugeordnet werden können.

Typische Beispiele sind die anfallenden Kosten für einen externen Hausmeisterservice, für die Gebäudereinigung, die Abfallentsorgung oder das eingesetzte Wach- und Sicherheitspersonal.

Kosten für Fremdleistungen an Kunden weiterbelasten

Jede in Anspruch genommene Fremdleistung muss die BE Partners KG zunächst selbst bezahlen und daher als **Aufwand** erfassen. Für die in Auftrag gegebene Programmierarbeit aus dem Einstiegsbeispiel erhielt sie die nebenstehende Rechnung und bucht diese folgendermaßen:

1 Konto: 6170

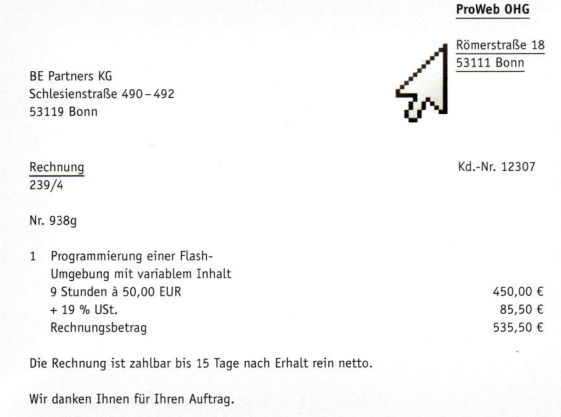

#	Beleg-Nr.	Soll	€	Haben	€
327	ER531	6100 Aufwand für bezogene Leistungen	450,00	4400 Verbindlichkeiten LuL	535,50
		2600 Vorsteuer	85,50		

Bei der Weiterbelastung an den Kunden erhöht sich die Forderung an diesen Kunden. Da die BE Partners KG dem Kunden gegenüber als Erbringer der (Fremd-)Leistung auftritt, verbucht sie den Gegenwert dieser Leistung als **Ertrag**. Hierfür verwendet man gewöhnlich das **Umsatzerlöskonto**, das auch für die Hauptleistung genutzt wird. Die erbrachte Fremdleistung ist ebenso wie jede andere ein umsatzsteuerpflichtiger Vorgang (§ 1 Abs. 1, Nr. 1 UStG), so dass für die Weiterbelastung ebenfalls die Umsatzsteuer gebucht werden muss.[2]

2 Bei der Inanspruchnahme und Weiterbelastung einer Fremdleistung handelt es sich um zwei getrennte wirtschaftliche Vorgänge. Daher darf der zunächst gebuchte Aufwand mit dem später erfassten Ertrag nicht verrechnet werden (gesetzliches Verrechnungsverbot, § 246 Abs. 2 HGB).

#	Beleg-Nr.	Soll	€	Haben	€
328	AR572	2400 Forderungen LuL	535,50	5000 Umsatzerlöse für eigene Erzeugnisse	450,00
				4800 Umsatzsteuer	85,50

Merke! Unternehmen nutzen Fremdleistungen im Material-, Produktions- und Vertriebsbereich oder auch für Reparaturen. Kommen diese Leistungen Kunden zugute, werden sie meist weiterbelastet und als umsatzsteuerpflichtige Umsatzerlöse erfasst.

Alles klar?

1 Erläutern Sie, was unter einem Rabatt zu verstehen ist.

2 Nennen Sie verschiedene Anlässe, die zu einer Rabattgewährung führen können. Welche dieser Rabattaktionen gibt es in Ihrem Ausbildungsbetrieb?

3 Begründen Sie, weshalb die BE Partners KG überhaupt Rabatte gewährt.

4 Welche Auswirkung haben Rabatte auf die Buchführung der BE Partners KG?

5 Entwickeln Sie für die BE Partners KG ein Rabattsystem, aus dem sowohl Anlässe für die Gewährung als auch die Höhe der Rabatte hervorgehen. Orientieren Sie sich ggfs. an einem Rabattsystem in Ihrem Ausbildungsunternehmen.

6 Aus welchen Gründen schickt ein Unternehmen Ware an den Lieferanten zurück?

7 Erläutern Sie, wie Rücksendungen buchhalterisch behandelt werden.

8 Was versteht man unter Skonto und wann wird dieses gewährt?

9 Was bedeutet der auf vielen Rechnungen zu findende Satz „Zahlung rein netto"?

10 Begründen Sie aus Sicht der BE Partners KG, ob sich die Ausnutzung eines gewährten Skontos lohnt oder nicht.

11 Bei der Ablage mehrerer Lieferantenrechnungen sehen Sie, dass die Höhe des jeweiligen Skontosatzes sehr unterschiedlich ist. Finden Sie eine mögliche Begründung für diese Unterschiede.

12 Nennen Sie Leistungen der BE Partners KG und Ihres Ausbildungsunternehmens, die bei Bezahlung skontiert werden können.

13 Bei Zahlungsvorgängen wird das genutzte Skonto auf dem Konto Nachlässe erfasst. Erläutern Sie einen möglichen Grund.

14 Bei Inanspruchnahme von Skonto bleibt die Höhe der offenen Verbindlichkeit trotzdem unverändert. Erläutern Sie, warum nicht einfach die ausstehenden Verbindlichkeiten um den Skontobetrag reduziert werden (können)?

15 Weshalb lagert die BE Partners KG Teilbereiche des eigenen Produktionsprozesses auf andere Unternehmen aus? Nennen Sie verschiedene Gründe.

16 Erläutern Sie mögliche Probleme für die BE Partners KG, die bei der Auslagerung von Leistungen auf fremde Unternehmen entstehen können.

17 Zählen Sie verschiedene Fremdleistungen auf, die die BE Partners KG bzw. Ihr Ausbildungsbetrieb im Material- und Produktionsbereich in Anspruch nehmen können.

18 Welche Beispiele für sonstige bezogene Leistungen lassen sich be der BE Partners KG bzw. in Ihrem Ausbildungsbetrieb finden?

19 Die Weiterbelastung von Fremdleistungen an Kunden der BE Partners KG erfolgt über das Konto Umsatzerlöse. Erläutern Sie, warum bei Weiterbelastung ein Ertragskonto verwendet werden muss.

20 a) Erläutern Sie die buchhalterische Auswirkung einer Fremdleistung auf die Vorsteuer- und Umsatzsteuersituation der BE Partners KG.
b) Wie verändert sich dadurch die zu ermittelnde Zahllast?

21 Die BE Partners KG gewährt auf Fremdleistungen, die dem Kunder weiterbelastet werden, keinen Skonto. Finden Sie eine mögliche Begründung hierfür.

6.2 Buchungen bei Absatzvorgängen

 LS 57 A Typische Absatz-
buchungen

6.2.1 Rabatte und alles wird günstiger!

Auch die BE Partners KG führt immer wieder Aktionswochen durch, bei denen sie ihre Produkte mit attraktiven Rabatten anbietet. Die Anlässe dafür sind vielfältig: Preisnachlässe für größere Mengen,[1] für Stammkunden oder Sonderaktionen, um z. B. Restbestände an Handelswaren zu verkaufen.

1 Gründe für Rabattaktionen
➔ LF 6, Kap. 6.1.2

2 Mit der Kalkulation beschäftigen Sie sich in FK 3, LF 10.

Meist werden Kundenrabatte bereits bei der Preiskalkulation berücksichtigt und erhöhen dadurch den Angebotspreis.[2] Auf diese Weise kann ein Unternehmen wie die BE Partners KG Rabatte anbieten, ohne einen finanziellen Nachteil zu erleiden.

In der Buchhaltung werden in Anspruch genommene Rabatte nicht erfasst. Wie auch bei Beschaffungsbuchungen, so wird auch im Absatzbereich der Verkaufsvorgang buchhalterisch mit dem reduzierten Angebotspreis verbucht.

UNSERE SONDERANGEBOTE

Flaschenöffner

2-farbig bedruckt
Stückpreis 0,15 €
bereits ab 500 Stück

6.2.2 „Einmal Umtausch bitte" – wenn Ware zurückgenommen wird ...

Beispiel Da lief wohl etwas schief, schoss es Thomas Martin aus der Druckerei durch den Kopf, als sich der Kunde lautstark empörte, dass er keine schwarzen T-Shirts bedruckt haben wollte. Glücklicherweise konnte Herr Martin den Kunden beruhigen und nach einer kurzen Wartezeit auch die richtigen T-Shirts mit dem gewünschten Aufdruck aushändigen.
Die fehlerhaften T-Shirts hatten einen Warenwert von 65,60 € (netto).

Es kommt nicht oft vor, dass sich Kunden über die erbrachte Leistung der BE Partners KG beschweren. Wenn es doch passiert, nimmt die BE Partners KG die entsprechenden Produkte zurück oder ersetzt sie durch einwandfreie, um ein solches Ärgernis für beide Seiten zufriedenstellend zu lösen.[3]

3 Gründe für eine Warenrückgabe durch den Kunden:
– mangelhafte Ware
– falsche Ware
– zuviel Ware erhalten
– Ware zu spät erhalten

Aus Sicht der Buchhaltung handelt es sich bei der Rücknahme von Ware um eine **Stornierung** des Kundenauftrages, auch wenn der Kunde im Anschluss eine Ersatzware erhalten soll. Der ursprüngliche Absatzvorgang wird rückgängig gemacht und durch folgenden Stornovorgang im Journal buchhalterisch erfasst:

#	Beleg-Nr.	Soll	€	Haben	€
331	AR485	5100 Umsatzerlöse für Handelsware	65,60	2400 Forderungen LuL	78,06
		4800 Umsatzsteuer	12,46		

Merke! Bei Rückgabe von Waren durch einen Kunden wird der zugrunde liegende Verkaufsvorgang storniert. Buchhalterisch geschieht dies durch eine erneute, aber seitenverkehrte Erfassung der Verkaufsbuchung, d.h., die ursprüngliche Sollbuchung erscheint dann als Habenbuchung und umgekehrt.

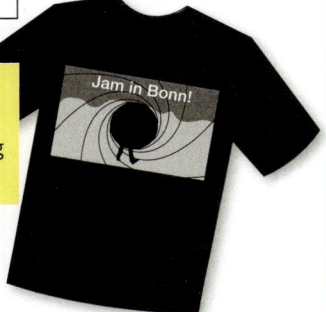

6.2.3 Transportkosten

Beispiel Der Veranstalter Live in Bonn OHG ist mitten in den Vorbereitungen für ein größeres Musikevent. Die BE Partners KG wurde mit der Herstellung von Flyern, Plakaten und Werbebannern beauftragt. Auch das dazugehörige Marketingkonzept wurde von der Werbeagentur der BE Partners KG entwickelt. Die hergestellten Druckerzeugnisse können bereits ausgeliefert werden. Für den Transport wurde eine externe Spedition beauftragt, da die eigenen Lieferkapazitäten derzeit ausgeschöpft sind.

In der Regel lassen sich Kunden ihre Waren direkt nach Hause oder ins Unternehmen liefern. Die Kosten für diese zusätzlich in Anspruch genommene **Nebenleistung**[1] werden ihnen dann in Rechnung gestellt.

1 Beispiele für Nebenleistungen, die dem Kunden in Rechnung gestellt werden:
– Verpackungsmaterial
– Fracht und Transportkosten
– Zustellkosten der Post

be

BE Partners KG, Postfach 10 01 04, 53100 Bonn

Live in Bonn
Hermann-Hesse-Ring 242
53111 Bonn

Bitte bei Zahlung immer angeben:

Ihre Kundennummer: **30006**
Rechnungsnummer: **48475/20XX**

Name: Tanja Wagner
Telefon: +49 228 1236-242
Telefax: +49 228 1236-111
E-Mail: t.wagner@bepartners.de

Datum: 15.03.20XX

Rechnung zum Auftrag Nummer 48475A vom 11.03.20XX
Leistungsmonat: März

Pos.	Art.-Nr.	Bezeichnung	Menge	Einzelpreis €	Rabatt %	Betrag €
1	2372	Werbekonzept Musikevent	25 h	89,00		2.225,00
2	3232	Druckerzeugnisse, div., nach Vorlage	2 500 St.			1.110,00
		Hinweis: Transportkosten werden separat abgerechnet				

Summe Positionen	3.335,00
Lieferkosten	0,00
Rechnungsbetrag netto	3.335,00
Umsatzsteuer 19 %	633,65
Rechnungsbetrag (inkl. USt)	**3.968,65**

Nicht immer können Unternehmen wie die BE Partners KG den Transport der Ware zum Kunden selbst durchführen und beauftragen deshalb externe Speditionsunternehmen. Über die erbrachte Leistung erhält die BE Partners KG eine Eingangsrechnung vom Spediteur und verbucht diese als **Aufwand für Ausgangsfrachten.** Im Journal ergibt sich damit folgender Vorgang:

#	Beleg-Nr.	Soll	€	Haben	€
332	ER392	6140 Aufwand für Ausgangsfrachten	143,50	4400 Verbindlichkeiten LuL	170,77
		2600 Vorsteuer	27,27		

Die entstandenen Transportkosten werden dem Kunden mit einer neuen Rechnung weiterbelastet, falls er wie im Eingangsbeispiel für die Warenlieferung bereits eine Rechnung erhalten hat. Damit erhöhen sich die ausstehenden Forderungen gegenüber dem Kunden. Die Transportleistung wird als Nebenleistung direkt auf das Konto **Umsatzerlöse**[1] verbucht. Da es sich um eine an Kunden erbrachte Leistung handelt, muss darauf Umsatzsteuer berechnet werden.

1 Das Konto Umsatzerlöse erfasst sowohl die verkaufte Ware als auch sämtliche Nebenleistungen.

#	Beleg-Nr.	Soll	€	Haben	€
333	IB832	2400 Forderungen	170,77	5000 Umsatzerlöse eigene Erzeugnisse	143,50
				4800 Umsatzsteuer	27,27

Merke! Transportkosten werden dem Kunden meist als Nebenleistung in Rechnung gestellt und buchhalterisch als Bestandteil der Umsatzerlöse erfasst.

6.2.4 Skonto – Kunden zahlen nicht immer den vollen Rechnungsbetrag

Beispiel Im Debitorenmanagement ist heute wieder ein arbeitsreicher Tag. Viele Kunden haben ihre ausstehenden Forderungen überwiesen. Manche haben weniger als den Rechnungsbetrag überwiesen und Skonto abgezogen. Ob diese Abzüge aber auch richtig sind, muss Tanja Wagner genau prüfen …

Kunden sparen gerne Geld, vor allem bei der Bezahlung von Rechnungen. Die BE Partners KG unterstützt ihre Kunden hierbei und bietet einen Preisnachlass (**Skonto**) an, wenn sie ihre offene Rechnung innerhalb der vereinbarten **Skontofrist** von 8 Tagen bezahlen.[2] Mit dieser Sparmöglichkeit möchte das Unternehmen erreichen, dass ausstehende Forderungen so früh wie möglich beglichen werden und nicht erst am Ende der regulären Zahlungsfrist – bei der BE Partners KG sind das immerhin 30 Tage. Auf diese Weise wird die Liquidität des Unternehmens gerade im Hinblick auf eigene Zahlungsverpflichtungen geschont.

2 Im Rahmen der Preiskalkulation für eigene Produkte und Dienstleistungen erhöht die BE Partners KG die Preise bereits um den späteren Skontoabzug.

Mit der Preiskalkulation beschäftigen Sie sich in Lernfeld 10.

Durch die Ausnutzung von Skonto reduziert sich der Zahlungsbetrag, den die BE Partners KG erhält, und es verringern sich nachträglich die erwirtschafteten Umsatzerlöse des jeweiligen Kunden. Deshalb bezeichnet man die zugehörige Buchung als **Erlösberichtigung**[3]. Durch die verminderten Umsatzerlöse ist auch die ursprünglich berechnete Umsatzsteuer zu hoch und muss nachträglich berichtigt werden.

3 Erlösberichtigungen
– für eigene Erzeugnisse
– für Handelsware

Der Zahlungsvorgang des Kunden führt zu folgender Buchung im Journal:

#	Beleg-Nr.	Soll	€	Haben	€
335	Kto229	2800 Bankguthaben	3.791,50	2400 Forderungen LuL	3.908,76
		5001 Erlösberichtigungen eigene Erzeugnisse	98,54		
		4800 Umsatzsteuer	18,72		

Der Zahlungseingang[1] führt zu einer Sollbuchung beim Bankguthaben und zu einer Habenbuchung bei den offenen Forderungen. Die Erlösberichtigung wird im Soll verbucht, da sie den zu geringen Zahlungseingang gegenüber der ausstehenden Forderung ausgleicht. Die Umsatzsteuer(-Berichtigung) steht ebenfalls im Soll, da sie die ursprünglich gebuchte Umsatzsteuer beim Absatzvorgang korrigiert.

> **Merke!** Der an Kunden gewährte Skonto reduziert nachträglich die Verkaufserlöse und wird buchhalterisch als Erlösberichtigung erfasst. Durch die gesunkenen Verkaufserlöse muss auch die Umsatzsteuer berichtigt werden.

[1] Der Zahlungseingang ist bereits um den Skontobetrag reduziert. Daher entspricht dieser nur 97 % des ursprünglichen Rechnungsbetrages.

Rechnungsbetrag	3.908,76	100 %
– 3 % Skonto	117,26	3 %
= Zahlungseingang	3.791,50	97 %

Alles klar?

1 Aus welchen Gründen wird die BE Partners KG Ware von Kunden zurücknehmen?

2 Erläutern Sie, wie Warenrücksendungen buchhalterisch behandelt werden.

3 Im Absatzbereich werden häufig bestimmte Nebenleistungen erbracht. Nennen Sie verschiedene Beispiele bei der BE Partners KG und in Ihrem Ausbildungsbetrieb.

4 Weshalb muss die BE Partners KG bei der Beauftragung einer externen Spedition die Transportkosten zunächst selbst übernehmen?

5 Beschreiben Sie, wie Transportkosten buchhalterisch erfasst und mit dem Kunden verrechnet werden.

6 Die BE Partners KG gewährt ihren Kunden in aller Regel 3 % Skonto. Erläutern Sie mögliche Motive des Unternehmens.

7 Auf den Rechnungsformularen eines Handelsunternehmens befindet sich standardmäßig folgender Vermerk:

> Zahlung 8 Tage 3 % Skonto, 45 Tage rein netto

Erläutern Sie die Bedeutung dieser Aussage.

8 Beschreiben Sie, wie Skontoabzüge von Kunden buchhalterisch behandelt werden.

9 „Als Kunde sollte man einen angebotenen Skontoabzug immer in Anspruch nehmen." Nehmen Sie zu dieser Aussage Stellung.

10 Stellen Sie in einer Tabelle Unterschiede und Gemeinsamkeiten von Rabatten und Skonti übersichtlich dar.

11 Ein Kunde der BE Partners KG erhält zunächst einen Mengenrabatt von 5 % gewährt. Bei Zahlung innerhalb von 8 Tagen erhält er weitere 3 % Skonto. Zeigen Sie rechnerisch, wie hoch der gesamte Preisnachlass in Euro und Prozent für diesen Kunden ist.

Aufgaben zu den Kapiteln 6.1 und 6.2 (übergreifend)

12 Für einen anstehenden Druckauftrag werden einige Spezialfarben über die Farbhandel Brilliant GmbH bezogen. Der gesamte Warenwert (netto) beträgt 650,00 €. Als Neukunde erhält die BE Partners KG 5 % Rabatt. Verbuchen Sie den Wareneingang sowie auch die spätere Bezahlung per Banküberweisung.

13 Gehen Sie bei Aufgabe 12 alternativ davon aus, dass die Zahlung innerhalb der Skontofrist unter Abzug von 2 % Skonto erfolgt. Welche Buchung ergibt sich dann?

14 Am heutigen Morgen traf eine Papiergroßlieferung bestehend aus diversen Rollen und bereits zugeschnittenen Druckbögen von der NRW Papierhandel KG ein. Auf den ausgewiesenen- Gesamtwarenwert (netto) von 31.650,00 € gewährt der Lieferant noch einen Stammkundenrabatt von 4,5 %. Für den Transport stellt die Spedition Schnetra e. K. der BE Partners KG zusätzlich 450,00 € (netto) in Rechnung.

a) Verbuchen Sie den Eingang der Speditionsrechnung
b) Erfassen Sie die Papierlieferung der NRW Papierhandel KG buchhalterisch.
c) Überweisen Sie die noch offenen Rechnungsbeträge an die NRW Papierhandel KG sowie an die Spedition Schnetra e. K. innerhalb der Zahlungsfrist.

15 Gehen Sie bei Aufgabe 14 davon aus, dass der Papierhersteller einen Skonto i. H. v. 3 % bei Zahlung innerhalb von 10 Tagen gewährt. Verbuchen Sie den Zahlungsvorgang.

16 Die überregional tätige Handelskette Kaufhaus AG gab bei der BE Partners KG die Gestaltung von 500 Plakataufstellern mit Logoaufdruck in Auftrag. Da nur noch 125 Plakataufsteller auf Lager waren, orderte die BE Partners KG beim Hersteller insgesamt 450 Stück zum Einkaufspreis von je 85,00 € (netto). Der Kaufhaus AG werden die bedruckten Aufsteller mit 165,00 € (netto) je Stück in Rechnung gestellt.

a) Buchen Sie die Lieferung der Plakataufsteller an die BE Partners KG.
b) Bei der Wareneingangskontrolle werden an einigen Aufstellern deutlich sichtbare Kratzer festgestellt. 20 mangelhafte Aufsteller werden dem Lieferanten wieder zurückgeschickt. Eine Nachlieferung wird nicht in Anspruch genommen. Buchen Sie die Rückgabe der Plakataufsteller.
c) Buchen Sie den Verkauf der bedruckten Aufsteller an die Kaufhaus AG.
d) Innerhalb der Skontofrist bezahlt die BE Partners KG die Plakataufsteller beim Hersteller unter Abzug von 3 % Skonto.
e) Kurze Zeit später geht auf dem Geschäftskonto der BE Partners KG ein Überweisungsbetrag i. H. v. 95.720,63 € von der Kaufhaus AG ein. Verbuchen Sie diese Zahlung.

17 Am Ende des Monats ist die Rechnung über 565,00 € (netto) für den Hausmeisterservice bei der BE Partners KG fällig. Die Zahlung erfolgt über das Geschäftskonto.

18 Für die in der letzten Woche durchgeführten Reparaturen an den zwei Kopier- und Scangeräten wurden der BE Partners KG jetzt 285,00 € (netto) in Rechnung gestellt. Verbuchen Sie den Erhalt der Rechnung sowie deren sofortige Bezahlung vom Geschäftskonto.

19 Ein Großauftrag der Müllerschen Großhandels OHG wurde letzte Woche fertiggestellt und dem Kunden durch eine externe Spedition geliefert. Für den Transportauftrag erhielt die BE Partners KG zunächst eine Rechnung über 190,00 € (netto). Buchen Sie den Eingang dieser Rechnung und belasten Sie diese dann dem Kunden weiter.

6.3 Buchung von Inventurdifferenzen

Beispiel Bei der Inventur der großen Papierrollen wurden 15,5 Rollen gezählt. Aus den Unterlagen der Buchführung geht jedoch hervor, dass eigentlich noch 16,5 Rollen auf Lager sein müssen.

Inventurliste BE Partners KG

Bereich: Papierlager A6 (Rohstoffe)

Lagervorrat
15,5 Rollen Papier, weiß, beidseitig bedruckbar,
500 m x 2 m pro Rolle
Einstandspreis 3.850,00 €/Rolle
Gesamtwert: 59.675,00 €

Inventurdifferenzen entstehen durch Abweichungen zwischen den **Sollwerten** (Sollbeständen) der Finanzbuchhaltung und den **Istwerten** (Istbeständen) der Inventur[1]. Ursachen für diese Abweichungen sind fehlerhafte Buchungen und nicht erfasste Mengenveränderungen.

[1] **Sollbestand:** rechnerischer Bestand, der laut Buchhaltung vorhanden sein sollte

Istbestand: tatsächlicher Bestand, der laut Inventur vorhanden ist

mögliche Ursachen für Abweichungen (Beispiele):	
fehlerhafte Buchungen	– keine Buchung – falsche Konten – falsche Beträge – mehrfache Buchung – falsche Buchung (Soll- und Habenbuchung)
nicht erfasste Mengenveränderungen	– Schwund – Verderb – Diebstahl – Ausschuss/Abfall – kein Beleg trotz Lieferung oder Entnahme – falscher Betrag zur Lieferung oder Entnahme

Fehlerhafte Buchungen lassen sich leicht korrigieren. Hierzu wird der fehlerhafte Buchungssatz storniert[2] und anschließend richtig gebucht. Im Gegensatz dazu werden **nicht erfasste Mengenveränderungen** (wie im obigen Beispiel) so gebucht, als ob die Warenentnahme bzw. -einlagerung stattgefunden hätte:

[2] Eine Stornobuchung funktioniert wie die Rücksendung von Waren: Die fehlerhafte Buchung wird noch einmal in umgekehrter Reihenfolge verbucht.
→ LF 6, Kapitel 6.1.3

[3] Sollbestand > Istbestand
→ Fehl-/Mindermenge: Warenentnahme wurde nicht gebucht

Sollbestand < Istbestand
→ Mehrmenge: Wareneinlagerung wurde nicht gebucht

Beispiel Die Ursache für die Mengenabweichung lässt sich schnell finden. Kürzlich musste durch einen Wasserschaden eine nicht mehr brauchbare Papierrolle entsorgt werden. Allerdings wurde die Verbuchung vergessen.[3]

#	Beleg-Nr.	Soll	€	Haben	€
444	IB314	6000 Aufwand für Rohstoffe	3.850,00	2000 Rohstoffe	3.850,00

6.4 Privatvorgänge verändern das Eigenkapital

6.4.1 Das Eigenkapital

Durch die am Markt getätigten Umsätze erwirtschaftet die BE Partners KG das Geld, mit dem sie ihre Mitarbeiter entlohnen sowie notwendige Rohstoffe und andere Materialien beschaffen und bezahlen kann. Für größere Anschaffungen (**Investitionen**), wie z.B. eine neue Druck- oder Stanzmaschine, reichen die selbst erwirtschafteten Mittel, der **Gewinn**[1], häufig nicht aus. Dann können die Eigentümer der BE Partners KG, Dörthe Epstein und Rolf Bastian, Geld aus ihrem privaten Vermögen zur Verfügung stellen. Dies haben beide auch bei der Gründung des Unternehmens bereits getan, um erste Investitionen überhaupt zu ermöglichen.

Das von den **Eigentümern** bereitgestellte Geld (auch: Kapital) nennt man **Eigenkapital**[2]. Zusätzlich zum Eigenkapital kann sich die BE Partners KG Kapital bei anderen Geldgebern, wie z.B. einer Bank, beschaffen. Dieses Kapital wird als **Fremdkapital** bezeichnet und die BE Partners KG muss es entsprechend der vertraglichen Vereinbarung an die Bank zurückzahlen. Für die Zeit der Kapitalüberlassung zahlt die BE Partners KG Zinsen an die Bank. Die Eigentümer erhalten als Gegenleistung für das überlassene Eigenkapital den erwirtschafteten Gewinn am Ende des Jahres. Bis zur Auszahlung an die Eigentümer wird der Gewinn dem Eigenkapital hinzugerechnet und erhöht dieses entsprechend.

LS 52 A Privatvorgänge verändern das Eigenkapital

1 Ermittlung des Gewinns
→ LF 6, Kap. 3.3.3

2 Eigenkapital:
- zeitlich unbefristet verfügbar
- Rückzahlung nur bei Auflösung des Unternehmens und nur in Höhe des dann vorhandenen Eigenkapitals

Fremdkapital:
- zeitlich befristet verfügbar
- Rückzahlung in voller Höhe an externe Geldgeber

6.4.2 Die Privateinlage

Beispiel Bei der BE Partners KG werden hochwertige Druckerzeugnisse in Fotoglanzqualität seit einiger Zeit immer stärker nachgefragt. Da die vorhandenen Druckmaschinen diesen Qualitätsanforderungen nicht genügen, soll eine moderne Digitaldruckanlage zum Preis von 35.650,00 € (netto) angeschafft werden. Die finanziellen Mittel des Unternehmens sind momentan ausgeschöpft und ein weiterer Bankkredit soll nicht aufgenommen werden. Daher beabsichtigt der Gesellschafter Rolf Bastian, das notwendige Kapital aus seinem Privatvermögen zur Verfügung zu stellen.

Damit die BE Partners KG über das Geld für die anstehende Investition verfügen kann, überweist es Rolf Bastian von seinem privaten Bankkonto auf das Geschäftskonto des Unternehmens. Damit liegt eine Erhöhung des Bankguthabens vor, die als **Privateinlage** bezeichnet wird. Was verändert sich in der Buchhaltung aber noch?

Das Geld der Privateinlage verändert immer auch das Eigenkapital von Rolf Bastian und führt in diesem Fall zu einer Erhöhung. Dadurch steigt gleichzeitig der **Eigentumsanspruch** von Rolf Bastian an der BE Partners KG. Er kann künftig also mehr Geld vom Unternehmen verlangen, bspw. durch eine höhere Gewinnausschüttung.

Nach Gutschrift auf dem Geschäftskonto wird folgende Buchung durchgeführt:

#	Beleg-Nr.	Soll	€	Haben	€
411	Kto 185	2800 Bankguthaben	35.650,00	3000 Eigenkapital	35.650,00

Obwohl die BE Partners KG 42.423,50 € für die Maschine bezahlen muss, genügt es, wenn Rolf Bastian 35.650,00 € aus seinem privaten Vermögen leistet.[1] Der Differenzbetrag entspricht der Vorsteuer, die zusätzlich zum Nettobetrag noch an den Lieferanten der Anlage zu zahlen ist, aber vom Finanzamt wieder erstattet wird.

Rolf Bastian hat in diesem Fall eine **Bareinlage** durch Überweisung auf das Geschäftskonto geleistet. Darüber hinaus können aber auch Vermögensgegenstände (**Sachmittel**) als Einlage in die BE Partners KG eingebracht werden. Typische Beispiele sind eine Computerausstattung, ein Kraftfahrzeug oder Lizenzrechte und Patente.

1 Die Einlage von Sachmitteln entspricht keinem entgeltlichen Erwerb und fällt damit nicht unter die steuerbaren Umsätze (§ 1a Abs. 1 UStG). Es muss somit keine Umsatzsteuer gebucht werden.

> **Merke!** Durch eine Privateinlage bringt der Unternehmensinhaber Bar- oder Sachmittel aus seinem privaten Vermögen in das Unternehmen ein und erhöht dadurch das Eigenkapital des Unternehmens.

6.4.3 Die Privatentnahme

> **Beispiel** Es ist schon einige Zeit her, dass Rolf Bastian zur Schule ging, und dennoch freut er sich auf das jährliche Klassentreffen jedes Mal. In diesem Jahr organisiert er das Treffen und hat dafür von einer Grafikerin der BE Partners KG eine passende Einladungskarte erstellen lassen. Die Gestaltung sowie der Druck auf Hochglanzpapier verursachen Kosten von insgesamt 195,00 € (netto).

Rolf Bastian als Eigentümer der BE Partners KG kann auch Leistungen seines Unternehmens in Anspruch nehmen und damit als Kunde auftreten. Allerdings muss er diese nicht jeweils direkt bezahlen, sondern kann die anfallenden Rechnungsbeträge über seinen Eigenkapitalanteil und damit als Vorwegnahme des Gewinns verrechnen lassen. Einen solchen Vorgang bezeichnet man als **Privatentnahme**.

Die Privatentnahme einer Unternehmensleistung unterliegt wie jedes andere Absatzgeschäft ebenfalls der Umsatzsteuer. Damit unterscheidet der Gesetzgeber bei Kunden nicht, ob es sich um den Eigentümer oder fremde Personen handelt:

> **§ 3 Abs. 1 b UStG**
> Einer Lieferung gegen Entgelt werden gleichgestellt
> 1. die Entnahme eines Gegenstands durch einen Unternehmer aus seinem Unternehmen für Zwecke, die außerhalb des Unternehmens liegen;
> [...]

Für die Erstellung und den Druck der Einladungskarten muss Rolf Bastian daher auch 19 % Umsatzsteuer bezahlen.

Umsätze mit Kunden werden als Umsatzerlöse erfasst. Private Umsätze des Eigentümers werden zur besseren Unterscheidung auf dem Konto **Entnahme von Gegenständen und Leistungen** verbucht.

Die Habenbuchung besteht aus dem Abgang der hergestellten Einladungskarten in Höhe von 195,00 € sowie der Umsatzsteuer von 37,05 €, die an das Finanzamt weitergeleitet wird. Da die Bezahlung des Auftrages durch Verrechnung mit dem Eigenkapital bzw. genauer gesagt dem künftigen Gewinn erfolgt, reduziert sich für die BE Partners KG der mögliche künftige Auszahlungsanspruch. Dies führt zu einer entsprechenden Sollbuchung auf dem Eigenkapitalkonto in Höhe von 232,05 €. Im Grundbuch ergibt sich durch den Vorgang der folgende Eintrag:

#	Beleg-Nr.	Soll	€	Haben	€
412	AR93	3000 Eigenkapital	232,05	5420 Entnahme von Gegenständen und Leistungen	195,00
				4800 Umsatzsteuer	37,05

> **Merke!** Der Unternehmer kann betriebliches Vermögen nutzen, Erzeugnisse und Handelswaren des Leistungsprozesses (Sachmittel) sowie Bargeld aus der Kasse oder dem Bankkonto (Barmittel) entnehmen. Diese Privatentnahmen werden mit dem erwirtschafteten Gewinn verrechnet und vermindern dadurch das Eigenkapital des Unternehmens.

6.4.4 Das Privatkonto

Im Laufe des Geschäftsjahres[1] tätigt Rolf Bastian immer wieder Privateinlagen und -entnahmen. Dadurch verändert sich das Eigenkapital bei der BE Partners KG laufend, was zu entsprechenden Buchungen auf dem Eigenkapitalkonto führt.

Das Eigenkapitalkonto ist für Unternehmen ein wichtiges Konto, das man so **übersichtlich** wie möglich halten möchte. Deshalb vermeidet man es, während des Geschäftsjahres ständig auf dem Eigenkapitalkonto zu buchen, und verwendet dafür ein Ersatzkonto, das sogenannte **Privatkonto**.[2] Es nimmt anstelle des Eigenkapitalkontos alle relevanten Buchungsvorgänge auf, die das Eigenkapital betreffen. Die Privatvorgänge von Rolf Bastian werden im Grundbuch folgendermaßen verbucht:

1 Geschäftsjahr
→ LF 6, Kap. 8

2 In der Praxis führt man für jeden Gesellschafter, der Privatentnahmen tätigen darf, ein solches Privatkonto.

#	Beleg-Nr.	Soll	€	Haben	€
411	Kto 185	2800 Bankguthaben	35.650,00	3001 Privatkonto (Bastian)	35.650,00
412	AR93	3001 Privatkonto (Bastian)	232,05	5420 Entnahme von Gegenständen und Leistungen	195,00
				4800 Umsatzsteuer	37,05

Eine Gesamtübersicht über alle privaten Vorgänge ergibt sich, wenn alle Buchungsvorgänge auf dem T-Konto **Privatkonto** zusammengefasst werden:

Soll	3001 Privatkonto (Bastian)		Haben
412 Entnahme v.Ggst.u.L.+USt.	232,05	411 Bankguthaben	35.650,00
Saldo	35.417,95		
	35.650,00		35.650,00

Die Summe an Privateinlagen ist deutlich höher als die der Privatentnahmen. Der errechnete Saldo zeigt damit, dass Rolf Bastian während des Jahres mehr finanzielle Mittel in die BE Partners KG eingebracht als entnommen hat. Dies führt dazu, dass das Eigenkapital um diesen Saldobetrag steigt.[1]

1 Privateinlagen > Privatentnahmen:
→ Eigenkapital steigt

Privateinlagen < Privatentnahmen:
→ Eigenkapitel sinkt

Damit dies aber auch im Eigenkapitalkonto ersichtlich ist, muss der Saldo des Privatkontos auf das Eigenkapitalkonto übertragen werden. Durch diesen Vorgang löst sich das Privatkonto am Ende des Jahres sozusagen auf und hat seinen Zweck als **Ersatzkonto** erfüllt. Der Saldo des Privatkontos steht als Sollbuchung im T-Konto und gleicht so beide Kontenseiten summenmäßig aus. Die dazugehörige Habenbuchung erscheint im Eigenkapitalkonto.

Soll	3000 Eigenkapital		Haben
	vorhandenes EK		615.000,00
	Saldo Privatkonto		35.417,95

#	Beleg-Nr.	Soll	€	Haben	€
413	IB39	3001 Privatkonto (Bastian)	35.417,95	3000 Eigenkapital	35.417,95

Bei dieser Umbuchung vom Privat- auf das Eigenkapitalkonto handelt es sich um einen rein **buchungstechnischen Vorgang.** Er bewirkt, dass das Privatkonto als Ersatzkonto aufgelöst und der Saldo in das Eigenkapitalkonto übertragen wird.

Merke! Alle privaten Einlagen und Entnahmen werden während des Geschäftsjahres auf dem Privatkonto erfasst, um das Eigenkapitalkonto übersichtlich zu halten. Der Saldo des Privatkontos wird dann auf das Eigenkapital umgebucht.
Privateinlage > Privatentnahme: Eigenkapital steigt
Privateinlage < Privatentnahme: Eigenkapital sinkt

Alles klar?

1 Begründen Sie, weshalb eine vorliegende Inventurdifferenz in jedem Fall berichtigt werden muss.

2 Durch längere Abwesenheit des Lagerleiters wurden bei der BE Partners KG insbesondere die Lagerentnahmen bei den Druckerfarben nicht mehr ordentlich erfasst. Bei der Inventur ergibt sich nun ein Farbvorrat von 218,5 Liter, der mit einem durchschnittlichen Preis von 15,50 € (netto) je Liter bewertet wird. Laut der Lagerdokumentation müsste ein Bestand von 231,0 Liter vorrätig sein.
a) Um welche Art von Inventurdifferenz handelt es sich?
b) Berichtigen Sie die Dokumentation, indem Sie die entsprechende Korrekturbuchung vornehmen.

3 Der derzeitige Bestand an DIN A0-Druckbögen der Qualität XE4 beträgt 3 345 Stück. Bis zum Inventurstichtag wurden weitere 3 985 Bögen verbraucht. Im gleichen Zeitraum wurden allerdings auch 5 000 Bögen neu angeliefert. Am Stichtag ergibt sich ein Inventurbestand von 4 450 Stück. Der Stückpreis je Bogen beträgt 0,25 € (netto). Stellen Sie fest, ob eine Inventurdifferenz vorliegt und berichtigen Sie diese soweit notwendig.

4 Was versteht man unter Eigenkapital und wer stellt dieses Kapital zur Verfügung?

5 Unterscheiden Sie die Begriffe Eigen- und Fremdkapital voneinander.

6 Welche Vor- und Nachteile kann die Beschaffung von Eigen- oder Fremdkapital für die BE Partners KG mit sich bringen?

7 a) Was versteht man unter einer Privateinlage?
   b) Nennen Sie verschiedene, sinnvolle Beispiele einer Privateinlage bei der BE Partners KG und in Ihrem Ausbildungsbetrieb.

8 Privateinlagen führen zu einer Habenbuchung auf dem Konto Eigenkapital. Erläutern Sie diesen Zusammenhang.

9 Welche Gründe könnte Rolf Bastian als Inhaber der BE Partners KG für oder gegen eine Privateinlage haben?

10 a) Welche Arten von Privatentnahmen können unterschieden werden?
   b) Nennen Sie verschiedene Beispiele für Privatentnahmen bei der BE Partners KG und in Ihrem Ausbildungsbetrieb.

11 Weshalb werden manche Privatentnahmen auf dem Konto Entnahme von Gegenständen und Leistungen erfasst?

12 Begründen Sie, weshalb bei Privatentnahmen die Umsatzsteuer buchhalterisch erfasst werden muss.

13 Welcher Zusammenhang besteht zwischen dem Privat- und dem Eigenkapitalkonto?

14 a) Der Geschäftsinhaber der BE Partners KG hat im laufenden Geschäftsjahr insgesamt 8.540,00 € private Entnahmen und nur 6.375,00 € Einlagen geleistet. Welche Veränderung des Eigenkapitals tritt ein?
   b) Welche Buchung muss vorgenommen werden, um die Veränderung des Eigenkapitals zu dokumentieren?
   c) Formulieren Sie ein konkretes Beispiel für den Fall, dass die Privateinlagen die privaten Entnahmen übersteigen.

15 Aus langjähriger Tradition erhalten Freunde und Bekannte von Rolf Bastian zu Beginn jedes Jahres einen persönlich gestalteten Jahreskalender. Der Druck und alle damit verbundenen Arbeitsschritte werden in der BE Partners KG durchgeführt. Die Gesamtkosten für den diesjährigen Kalender belaufen sich auf 375,00 € (netto). Verbuchen Sie diese Leistungsentnahme über das Privatkonto von Rolf Bastian.

16 Das Geschäftsessen mit einem neuen Lieferanten hat Rolf Bastian zunächst privat bezahlt. Verbuchen Sie die Erstattung der Kosten an Rolf Bastian i. H. v. 135,00 € (brutto), wenn
   a) er diese bar erhält;
   b) diese über das Privatkonto abgerechnet wird.

17 Die private Krankenversicherung von Rolf Bastian über 345,00 € wird vom Geschäftskonto abgebucht. Verbuchen Sie diesen Vorgang entsprechend.

18 Formulieren Sie passende Geschäftsvorfälle für folgenden Buchungssatz.

| 2800 Bankguthaben | 5.000,00 | an | 3001 Privatkonto | 5.000,00 |

7 Abschreibungen auf das Anlagevermögen

→ LS 59 A Abschreibungen auf das Anlagevermögen

Beispiel Bei der Produktion von Druckaufträgen oder dem Entwerfen von Werbekonzepten, der Gestaltung von Flyern, Broschüren und vieler weiterer Leistungen nutzt die BE Partners KG ihre vorhandenen Sachanlagen wie Druckmaschinen, Computer, Bürotische, Kopiergeräte u. v. m.

Bei jedem Gebrauch nutzen sich Maschinen und Anlagen ab und verlieren im Lauf der Zeit an Wert. Selbst wenn eine Maschine wenig läuft, verliert sie trotzdem an Wert. Das ist im privaten Bereich nicht anders, auch wenn ein Pkw nur wenige tausend Kilometer pro Jahr gefahren wird, verliert er trotzdem sehr schnell an Wert.

In der betrieblichen Praxis versucht man diese Entwicklung zu berücksichtigen, indem man jährlich die (vermutliche) **Wertminderung** der Anlagegegenstände ermittelt und in der Buchhaltung erfasst. Dieses Vorgehen bezeichnet man als **Abschreibung**.

Merke! Sachanlagen verlieren durch Gebrauch oder technische Veralterung an Wert.

7.1 Der Ausgangswert für Abschreibungen

§ 253 HGB

(3) Bei Vermögensgegenständen des Anlagevermögens, deren Nutzung zeitlich begrenzt ist, sind die Anschaffungs- oder die Herstellungskosten um planmäßige Abschreibungen zu vermindern. Der Plan muss die Anschaffungs- oder Herstellungskosten auf die Geschäftsjahre verteilen, in denen der Vermögensgegenstand voraussichtlich genutzt werden kann. [...]

Die Höhe der insgesamt anfallenden Wertminderung einer Sachanlage hängt von ihrem ursprünglichen Kaufpreis, dem **Anschaffungspreis**, ab. Hinzu kommen oft noch weitere Ausgaben. Beim Erwerb eines Kfz ist das z. B. der Preis für zusätzliche Ausstattungsgegenstände wie Winterreifen oder Gepäckträger, Zulassungsgebühren und Überführungskosten. Diese **zusätzlich** zum Anschaffungspreis anfallenden Ausgaben sind die **Anschaffungsnebenkosten** und werden ebenfalls auf dem Anlagenkonto erfasst.[1]

1 Anschaffungsnebenkosten fallen im Rahmen der Beschaffung einer Sachanlage zusätzlich an und decken alle Ausgaben ab, um die erworbene Sache in einen betriebsbereiten Zustand zu versetzen.

Manchmal werden dem Käufer Rabatte oder Skonto gewährt, die zu einer Verringerung des Anschaffungspreises führen, sogenannte **Anschaffungspreisminderungen**.

§ 255 HGB

(1) Anschaffungskosten sind die Aufwendungen, die geleistet werden, um einen Vermögensgegenstand zu erwerben und ihn in einen betriebsbereiten Zustand zu versetzen, soweit sie dem Vermögensgegenstand einzeln zugeordnet werden können. Zu den Anschaffungskosten gehören auch die Nebenkosten sowie die nachträglichen Anschaffungskosten. Anschaffungspreisminderungen sind abzusetzen.

Beispiel Für den neu erworbenen unternehmenseigenen Pkw fielen folgende Anschaffungskosten an:

Zusammensetzung		Betrag
Anschaffungspreis	Nettopreis lt. Liste	24.490,00 €
– Anschaffungspreisminderung	Rabatt 10 %	– 2.449,00 €
+ Anschaffungsnebenkosten	Überführungskosten und Zulassungsgebühren	+ 730,00 €
+ nachträgliche Anschaffungs-kosten	1 Satz Winterreifen auf Felgen	+ 469,82 €
– nachträgliche Anschaffungs-preisminderungen	Skonto 2 % aus 22.041,00 €[1]	– 440,82 €
= Anschaffungskosten		**= 22.800,00 €**

[1]
$$\begin{array}{r} 24.490{,}00\ € \\ -\ 2.449{,}00\ € \\ \hline = 22.041{,}00\ € \end{array}$$

Um die Sachanlage in einen betriebsbereiten Zustand zu bringen, d.h. den Pkw abfahrbereit zur Verfügung zu haben, müssen die gesamten Anschaffungskosten aufgewendet werden. Nachträgliche Anschaffungspreisminderungen sind abzuziehen. Die so ermittelten Anschaffungskosten bilden den Ausgangspunkt für künftige Wertminderungen, also die Abschreibung.

Die Buchung Nr. 380 im nachfolgenden Journal erfasst die Anschaffung des neuen Firmen-Pkw mit den Anschaffungskosten sowie die dazugehörigen Nebenkosten. Die nachträgliche Anschaffungspreisminderung (Skonto) wird erst bei der Bezahlung der noch ausstehenden Lieferantenrechnung erfasst und auf dem Konto Fuhrpark ausgewiesen.[2]

[2] Anschaffungskosten bei Kauf des Pkw: 23.240,82 €

Minderung der Anschaffungskosten bei Bezahlung (Skonto): 440,82 €

tatsächliche Anschaffungskosten als Grundlage für die Abschreibung: 22.800,00 €

#	Beleg-Nr.	Soll	€	Haben	€
380	ER401	0840 Fuhrpark	23.240,82	4400 Verbindlichkeiten LuL	27.656,58
		2600 Vorsteuer	4.415,76		
381	Kto251	4400 Verbindlichkeiten LuL	27.656,58	2800 Bankguthaben	27.132,00
				0840 Fuhrpark	440,82
				2600 Vorsteuer	83,76

Merke! Abgeschrieben wird von den Anschaffungskosten. Neben dem tatsächlich bezahlten Kaufpreis gehören dazu alle Ausgaben, die nötig sind, um das Anlagegut in einen betriebsbereiten Zustand zu versetzen.

Nach der Anschaffung des Firmen-Pkw fallen noch weitere Ausgaben an, z.B. für Benzin, Versicherungsbeiträge und Kfz-Steuern. Diese **laufenden Kosten** entstehen durch die Nutzung des Fahrzeuges und zählen daher **nicht** zu den Anschaffungskosten. Sie werden buchhalterisch als Aufwand erfasst.

7.2 Eine Sachanlage verliert an Wert

Alle Vermögenswerte (Sachanlagen) können über einen bestimmten Zeitraum genutzt werden. Wenn jedes Unternehmen diese Nutzungsdauer selbst bestimmte, kämen für ähnliche Sachanlagen die unterschiedlichsten Abschreibungen zu Stande. Aus diesem Grund hat das Bundesministerium für Finanzen in sogenannten **AfA**[1]-**Tabellen** für viele Anlagegegenstände die Nutzungsdauer festgelegt.

1 AfA = Absetzung für Abnutzung als Synonym für Abschreibung aus dem Steuerbereich

Anlagegut	Betriebsgewöhnliche Nutzungsdauer in Jahren
Personenkraftwagen und Kombiwagen	6
Verpackungsmaschinen, Folienschweißgeräte	13
Personalcomputer, Notebooks und andere Peripheriegeräte (Drucker, Scanner, Bildschirme u. Ä.)	3

Merke! Nutzungsdauer ist derjenige Zeitraum, in dem das Anlagegut vermutlich im Unternehmen genutzt werden kann, bevor es entweder verschrottet oder verkauft wird.

Im einfachsten Fall kann die BE Partners KG nun davon ausgehen, dass der Wertverlust in jedem Jahr der Nutzungsdauer in gleicher Höhe (**linear**) eintritt. Die Höhe der Abschreibung lässt sich dann folgendermaßen berechnen:

Merke!
$$\text{linearer Abschreibungsbetrag} = \frac{\text{Anschaffungskosten (netto)}}{\text{gewöhnliche Nutzungsdauer in Jahren}}$$

Beispiel Für den Pkw sieht die AfA-Tabelle eine Nutzungsdauer von 6 Jahren vor, auf die die gesamten Anschaffungskosten gleichmäßig verteilt werden können. Es ergibt sich ein jährlicher Abschreibungsbetrag von:

$$\frac{\text{Anschaffungskosten (netto)}}{\text{Nutzungsdauer}} = \frac{22.800,00 \text{ €}}{6}$$

$$= 3.800,00 \text{ € pro Jahr}$$

Für jedes Jahr der Nutzungsdauer entspricht der errechnete Wertverlust also 3.800,00 €.

Lfd. Nr.	Anlagegüter	Nutzungsdauer i. J.
[...]		
4	Fahrzeuge	
4.1	Schienenfahrzeuge	25
4.2	Straßenfahrzeuge	
4.2.1	Personenkraftwagen und Kombiwagen	6
4.2.2	Motorräder, Motorroller, Fahrräder u. ä.	7
4.2.3	Lastkraftwagen, Sattelschlepper, Kipper	9
4.2.4	Traktoren und Schlepper	12
4.2.5	Kleintraktoren	8
4.2.6	Anhänger, Auflieger, Wechselaufbauten	11
4.2.7	Omnibusse	9

Quelle: Bundessteuerblatt BStBl I 2000, 1532

Die errechnete Wertminderung reduziert den Wert des Fuhrparks und wird auf dem entsprechenden Konto im Haben erfasst. Da sie im weitesten Sinne im Rahmen der Produktion und der Geschäftstätigkeit der BE Partners KG entstanden ist, kann sie als **Aufwand** im Leistungsbereich des Unternehmens verstanden werden und wird dort als Sollbuchung am Ende des Jahres buchhalterisch erfasst.

#	Beleg-Nr.	Soll	€	Haben	€
439	IB221	6520 Abschreibung auf Sachanlagen	3.800,00	0840 Fuhrpark	3.800,00

Die Entwicklung des Wertverlustes lässt sich mithilfe eines **Abschreibungsplanes** darstellen. Aus diesem kann jeweils am Ende des Jahres die Höhe des **Restbuchwertes** festgestellt werden, also der Wert, mit dem die Sachanlage noch zu den Vermögenswerten des Unternehmens gerechnet wird und damit im Schlussbestandskonto erscheint.

Beispiel Abschreibungsplan unternehmenseigener Pkw:

Anschaffungskosten	22.800,00 €
– Abschreibungsbetrag 1. Jahr	3.800,00 €
= Restwert (Buchwert) Ende 1. Nutzungsjahr	19.000,00 €
– Abschreibungsbetrag 2. Jahr	3.800,00 €
= Restwert (Buchwert) Ende 2. Nutzungsjahr	15.200,00 €
– Abschreibungsbetrag 3. Jahr	3.800,00 €
= Restwert (Buchwert) Ende 3. Nutzungsjahr	11.400,00 €
– Abschreibungsbetrag 4. Jahr	3.800,00 €
= Restwert (Buchwert) Ende 4. Nutzungsjahr	7.600,00 €
– Abschreibungsbetrag 5. Jahr	3.800,00 €
= Restwert (Buchwert) Ende 5. Nutzungsjahr	3.800,00 €
– Abschreibungsbetrag 6. Jahr	3.800,00 €
= Restwert (Buchwert) Ende 6. Nutzungsjahr	0,00 €

Am Ende der Nutzungsdauer ist der Restbuchwert durch den jährlichen Wertverlust auf 0 € gesunken. Dennoch kann die Sachanlage weiterhin im Unternehmen genutzt werden, wenn sie technisch noch einwandfrei ist. Um dies auch in der Buchhaltung kenntlich und nachvollziehbar zu machen, wird im letzten Jahr nur so viel Abschreibung gebildet, dass ein Euro als Restbuchwert (**Erinnerungswert**) erhalten bleibt.[1]

1 **Erinnerungswert:**
Die Sachanlage bleibt auch nach Ablauf der Nutzungsdauer mit 1 Euro in der Bilanz stehen.

Zu Vergleichszwecken wird die jährliche Abschreibung häufig in einen Prozentsatz (**Abschreibungssatz**) umgewandelt. Für das Beispiel ergibt sich damit Folgendes:

Beispiel

$$\text{Abschreibungssatz in \%} = \frac{100\,\%}{\text{Nutzungsdauer in Jahren}} = \frac{100\,\%}{6} = 16{,}67\,\% \text{ pro Jahr}$$

7.2.1 Die Sachanlage wird nicht das ganze Jahr genutzt

Die ermittelte Abschreibung bezieht sich immer auf ein Kalenderjahr. Man geht davon aus, dass der Vermögenswert dem Unternehmen auch das ganze Jahr zur Verfügung stand und genutzt wurde. Doch nicht immer ist dies der Fall, insbesondere wenn Sachanlagen während eines Jahres gekauft, wieder verkauft oder verschrottet werden. Dann darf die Abschreibung nur für den Zeitraum berechnet werden, in dem auch tatsächlich eine Nutzung sowie ein Wertverlust stattgefunden haben. Man spricht in diesem Fall von einer **zeitanteiligen Abschreibung**.

Die zeitanteilige Abschreibung wird immer für volle Monate berechnet. Auch wenn ein Gegenstand am letzten Tag des Monats beschafft wurde, zählt der ganze Monat zum Abschreibungszeitraum.

Beispiel Die Anschaffungskosten für eine Empfangstheke im Eingangsbereich der BE Partners KG betragen 15.600,00 € (netto). Die Theke wird am 05.05.20XX angeschafft. Sie hat eine betriebsgewöhnliche Nutzungsdauer von 13 Jahren. Der jährliche Abschreibungsbetrag beträgt somit 1.200,00 €.[1]

[1] $\dfrac{15.600,00\ €}{13} = 1.200,00\ €$

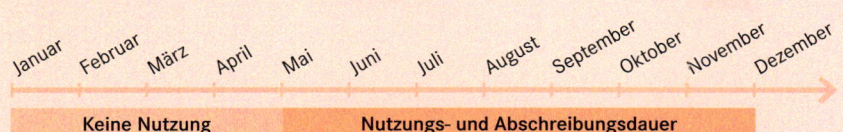

	Keine Nutzung	Nutzungs- und Abschreibungsdauer

Für das erste Jahr ergibt sich folgender Abschreibungsbetrag:

$$\frac{1.200,00\ € \cdot 8}{12} = 800,00\ €$$

Dann werden 12 Jahre lang 1.200,00 € abgeschrieben. Im letzten Jahr der Nutzung verbleiben dann noch 4 Monate, was zu einer Abschreibung von 400,00 € führt.

7.2.2 Exkurs: Die Nutzungsintensität bestimmt den Wertverlust

Obwohl die lineare Abschreibung relativ einfach zu ermitteln ist, kann sie den tatsächlichen Wertverlust einer Sachanlage nur unzureichend widerspiegeln. Daher greift man auf die **Abschreibung nach Leistungseinheiten**[2] zurück und ermittelt so den Wertverlust in Abhängigkeit von der tatsächlich erbrachten Leistung im jeweiligen Jahr. Dieses Vorgehen bietet sich an, wenn die erbrachte Leistung während der Nutzungsdauer stark schwankt.

[2] § 7 Abs. 1 Satz 6 EStG; Leistungseinheiten können z. B. sein:
– km
– Maschinenstunden
– produzierte Stückzahlen

Beispiel Aus dem Fahrtenbuch können für die einzelnen Jahre die folgenden zurückgelegten Kilometer für den Pkw ermittelt werden:

1. Nutzungsjahr: 60.000 km	4. Nutzungsjahr: 30.000 km
2. Nutzungsjahr: 40.000 km	5. Nutzungsjahr: 20.000 km
3. Nutzungsjahr: 30.000 km	6. Nutzungsjahr: 20.000 km

Gesamtleistung in 6 Nutzungsjahren: 200.000 km

$$\text{Abschreibungsbetrag} = \frac{\text{Anschaffungskosten} \cdot \text{tatsächliche Fahrleistung im Jahr}}{\text{geplante Gesamtfahrleistung}}$$

$$\text{Abschreibungsbetrag im 1. Nutzungsjahr:} \ \frac{22.800,00\ € \cdot 60.000\ km}{200.000\ km} = 6.840,00\ €$$

Die errechnete Wertminderung führt zu folgendem Eintrag im Journal:

#	Beleg-Nr.	Soll	€	Haben	€
440	IB222	6520 Abschreibung auf Sachanlagen	6.840,00	0840 Fuhrpark	6.840,00

Eine Abschreibung nach Leistungseinheiten lässt das Finanzamt nur dann zu, wenn die wirtschaftlich schwankende Inanspruchnahme begründet ist und die Leistungseinheiten eindeutig feststellbar sind. Während sich dies bei einem Kfz anhand von Kilometerzähler und Fahrtenbuch belegen lässt, werden bei technischen Anlagen häufig **Betriebsstundenzähler** verwendet.

Merke!

$$\text{Abschreibungsbetrag} = \frac{\text{Anschaffungskosten (netto)}}{\text{Soll- bzw. Gesamtleistung}} \cdot \text{Leistung im jeweiligen Jahr}$$

Alles klar?

1 Warum müssen Unternehmen bei ihren Sachanlagen Abschreibungen durchführen? Erläutern Sie verschiedene Gründe.

2 Die Grundlage für Abschreibungen bilden die Anschaffungskosten. Erläutern Sie die einzelnen Bestandteile anhand eines passenden Beispiels aus Sicht der BE Partners KG.

3 Was versteht man unter einer Nutzungsdauer? Nennen Sie verschiedene Beispiele.

4 Beschreiben Sie die lineare Abschreibung anhand eines passenden Beispiels.

5 Beschreiben Sie, was unter einer zeitanteiligen Abschreibung zu verstehen ist und wie diese durchgeführt wird.

6 Beschreiben Sie die leistungsbezogene Abschreibung anhand eines passenden Beispiels.

7 Stellen Sie Vor- und Nachteile der linearen und der leistungsbezogenen Abschreibung tabellarisch gegenüber.

8 Nach vielen Jahren wird die Ausstattung von Dörthe Epsteins Büro ausgetauscht. Der Gesamtwert der neuen Möbel beträgt 8.250,00 € (netto). Für den Aufbau berechnet der Möbelhersteller zusätzlich 565,00 € (netto).
   a) Ermitteln Sie die gesamten Anschaffungskosten (netto). Berücksichtigen Sie, dass der Möbelhersteller bei Zahlung innerhalb von 8 Tagen 2,5 % Skonto auf den Warenwert gewährt.
   b) Verbuchen Sie die Anschaffung der neuen Büroausstattung für Dörthe Epstein.
   c) Innerhalb der Skontofrist wird die offene Rechnung an den Möbellieferanten per Banküberweisung bezahlt. Verbuchen Sie diesen Vorgang.
   d) Ermitteln Sie die Grundlage für die jährliche Abschreibung in Euro. Berechnen Sie zudem die Höhe der Abschreibung im ersten Jahr und verbuchen Sie diese.

9 Für die Werbeabteilung der BE Partners KG wurde ein neuer Großdrucker für farbige Drucke bis zur Größe DIN A0 neu gekauft. Der Angebotspreis liegt bei 23.450,00 € (netto). Durch Rücknahme des gebrauchten Druckers im Wert von 2.500,00 € (netto) reduzierte der Händler den Verkaufspreis entsprechend.
   a) Ermitteln Sie die lt. AfA-Tabelle vorgesehene Nutzungsdauer. Berechnen und verbuchen Sie danach die Abschreibung im ersten Jahr der Nutzung.
   b) Der Drucker wurde am 18.04.20XX angeschafft. Welche Auswirkungen hat dies auf die Abschreibung?
   c) Erstellen Sie für die Teilaufgaben a) und b) den Abschreibungsplan für die vollständige Nutzungsdauer.

10 Vervollständigen Sie die folgende Tabelle und buchen Sie jeweils die Abschreibung in den ersten beiden Jahren der Nutzungsdauer.

	Sachanlage und Anschaffungskosten (netto)	Nutzungsdauer	Kauf am	Abschreibungsbetrag	
				im 1. Jahr	im 2. Jahr
a)	Betriebsfahrrad 1.250,00 €		22.08.20XX		
b)	Spülmaschine in der Kantine 1.350,00 €		01.01.20XX		
c)	Lkw-Anhänger 8.500,00 €		01.03.20XX		
d)	Betriebs-Handy 795,00 €[1]		01.01.20XX		
e)	Frankiermaschine mit Zusatzfunktionen 749,00 €[1]		09.10.20XX		

[1] Hinweis für Lehrkräfte: vollständige Aktivierung als Sachanlage; keine GWG-Betrachtung

11 In der Druckerei der BE Partners KG wurde vor kurzem eine neue Druckmaschine im Wert von 575.000,00 € angeschafft. Das Kaufdatum war der 10.07.20XX. Die Sollleistung der Maschine liegt laut Hersteller bei 18 Mio. Druckeinheiten. Vergleichen Sie für das erste Jahr der Abschreibung die lineare mit der leistungsbezogenen Abschreibung, wenn im ersten Jahr die Druckleistung bei 1,236 Mio. Einheiten lag.

12 Welche der folgenden Aussagen sind richtig, welche falsch?
a) Abschreibungen erfassen jährlich den tatsächlichen Wertverlust von Gegenständen des Anlagevermögens.
b) Bei der linearen Abschreibung werden die gesamten Anschaffungskosten auf die Nutzungsdauer gleichmäßig verteilt.
c) Ausgehend von den Anschaffungskosten kann die jährliche Abschreibung entweder über die Nutzungsdauer oder den prozentualen Abschreibungssatz ermittelt werden.
d) Die gesamte Abschreibungsdauer entspricht nur dann der Nutzungsdauer in Jahren, wenn die Sachanlage zu Beginn des Geschäftsjahres beschafft wurde.
e) Bei der zeitanteiligen Abschreibung wird der Monat der Anschaffung bzw. der der Verschrottung oder des Verkaufs jeweils voll zur Dauer der Nutzung hinzugerechnet.

13 Die BE Partners KG steht für eine neu angeschaffte Offsetdruckmaschine vor der Entscheidung, ob das lineare oder das leistungsbezogene Abschreibungsverfahren angewendet werden soll.
a) Skizzieren Sie den Verlauf der jährlichen Abschreibungsbeträge sowie auch die jeweiligen Restbuchwerte in je einem Diagramm.
b) Welche Voraussetzungen müssen für die Anwendung der leistungsbezogenen Abschreibung vorliegen?
c) Treffen Sie eine begründete Entscheidung, für welches Verfahren sich die BE Partners KG entscheiden sollte.

Auszug aus den amtlichen AfA-Tabellen für Anlagevermögen:

Anlagegut	Betriebsgewöhnliche Nutzungsdauer in Jahren
Büromöbel	13
Druckmaschinen	10
Fahrrad	7
Frankiermaschine	13
Lkw-Anhänger	11
Mobiltelefon, Smartphone	5
Spülmaschine (Küchen-, Kantineneinbau)	7

8 Der Abschluss des Geschäftsjahres

→ LS 60 A Erfolgskonten abschließen, das Geschäftsjahr abschließen

Beispiel Man merkt, dass sich das Geschäftsjahr dem Ende zuneigt: Während in einigen Abteilungen der BE Partners KG die alljährliche Inventur bereits abgeschlossen wurde, sind die Mitarbeiter in anderen Bereichen noch mitten dabei. Auch bei Frau Wagner in der Buchhaltung nimmt die Arbeit zu: So müssen die Ergebnisse der Inventur in die laufende Buchhaltung eingearbeitet, an anderer Stelle noch offene Belege erfasst oder die Buchungen auf den Hauptbuchkonten kontrolliert und gegengerechnet werden.

In jedem Unternehmen werden im Zuge der Geschäftstätigkeit viele wirtschaftliche Vorgänge ausgelöst, die sich in der Buchführung niederschlagen. Um daraus Aussagen über Gewinn bzw. Verlust, die Finanz- oder auch die Vermögenslage des Unternehmens ableiten zu können, die für laufende Entscheidungen nützlich sind, betrachtet man nicht die gesamte Lebensdauer des Unternehmens, sondern kurze und überschaubare Zeiträume. Ein solcher Zeitraum wird als **Geschäftsjahr** bezeichnet.[1]

1 Im Einkommensteuerrecht wird das Geschäftsjahr als **Wirtschaftsjahr** bezeichnet (§ 4a Abs. 1 EStG).

Ein Geschäftsjahr umfasst 12 Monate[2] und beginnt meist am 01.01. und endet dann am 31.12., stimmt also mit einem Kalenderjahr überein.[3] Umfasst das Geschäftsjahr bei Gründung oder Auflösung eines Unternehmens weniger als 12 Monate, so wird es als **Rumpfgeschäftsjahr** bezeichnet. Am Ende eines Geschäftsjahres werden alle Daten der Buchführung zusammengefasst, um sie für bestimmte Zwecke auszuwerten. Man macht sozusagen „Kassensturz" und schließt das abgelaufene Jahr ab, indem man die Ergebnisse in einem sogenannten **Jahresabschluss** zusammenfasst.

2 § 240 Abs. 2 HGB

3 Unternehmen können ein vom Kalenderjahr abweichendes Geschäftsjahr festlegen, wenn sie ins Handelsregister eingetragen sind und die Zustimmung vom zuständigen Finanzamt erhalten haben. Z. B. gilt für Land- und Forstwirte ein gesetzlich festgelegtes Geschäftsjahr vom 01.07. bis 30.06. (§ 4a Abs. 1 EStG).

Die einzelnen Jahresabschlüsse werden bei der BE Partners KG über die Jahre hinweg miteinander verglichen, um so Rückschlüsse für zukünftige Entscheidungen über die strategische Ausrichtung zu gewinnen. Auch deshalb ist es wichtig, dass sich die Informationen auf gleiche Zeiträume und damit ein Geschäftsjahr mit gleichbleibendem Beginn und Ende beziehen.

Merke! Im Jahresabschluss werden die buchungsrelevanten Vorgänge eines Geschäftsjahres zusammengefasst dargestellt.

8.1 Wie erfolgreich war das Geschäftsjahr?

Beispiel Bei der BE Partners KG laufen noch die letzten Jahresabschlussarbeiten. Für Rolf Bastian und Dörthe Epstein wird die kommende Zeit richtig spannend werden. Beide wissen zwar, dass ein gutes Jahr hinter ihnen liegt, aber noch ist offen, wie erfolgreich es tatsächlich war. Haben sich die vielen Anstrengungen während des Jahres gelohnt und wie viel Gewinn wurde erwirtschaftet? Vielleicht konnte er im Vergleich zum Vorjahr sogar noch gesteigert werden? Es bleibt also spannend ...

8.1.1 Die Erfolgsermittlung in der Buchführung

Für jedes der unterschiedlichen Aufwands- und Ertragskonten wird auf dem entsprechenden Hauptbuchkonto der Saldo ermittelt.[4] Folgendes Beispiel soll diese Vorgehensweise nochmals verdeutlichen:

4 Saldierung
→ LF 6, Kap. 3.3.3

5000 Umsatzerlöse eigene Erzeugnisse		
Soll		**Haben**
Saldo	2.189.000,00	[1] Ford. 1.957.500,00
		368 Ford. 231.500,00
	2.189.000,00	2.189.000,00

5100 Umsatzerlöse Handelsware		
Soll		**Haben**
Saldo	756.900,00	[1] Ford. 718.780,00
		412 Ford. 38.120,00
	756.900,00	756.900,00

1 Anmerkung zur Darstellung: Es handelt sich hierbei um Sammelbuchungen, um die Übersicht im T-Konto zu wahren.

5900 sonstige betriebliche Erträge		
Soll		**Haben**
Saldo	14.750,00	[1] Bank 14.750,00
	14.750,00	14.750,00

7510 Zinsaufwendungen		
Soll		**Haben**
[1] Bank	42.835,00	Saldo 46.730,00
470 Bank	3.895,00	
	46.730,00	46.730,00

6000 Aufwand für Rohstoffe		
Soll		**Haben**
[1] Verb.	1.152.250,00	391 Verb. 7.540,00
375 Verb.	74.375,00	Saldo 1.228.670,00
401 Verb.	9.585,00	
	1.236.210,00	1.236.210,00

6030 Aufwand für Betriebsstoffe		
Soll		**Haben**
[1] Kasse	8.780,00	Saldo 57.650,00
[1] Verb.	46.920,00	
352 Verb.	1.950,00	
	57.650,00	57.650,00

6200 Fertigungslöhne		
Soll		**Haben**
[1] Bank	203.760,00	Saldo 231.650,00
483 Bank	27.890,00	
	231.650,00	231.650,00

6300 Gehälter		
Soll		**Haben**
[1] Bank	783.975,00	Saldo 857.350,00
484 Bank	73.375,00	
	857.350,00	857.350,00

6800 Büromaterial		
Soll		**Haben**
[1] Kasse	4.870,00	Saldo 34.300,00
247 Bank	11.295,00	
389 Verb.	18.135,00	
	34.300,00	34.300,00

6870 Werbekosten		
Soll		**Haben**
[1] Verb.	6.870,00	Saldo 8.530,00
451 Verb.	1.660,00	
	8.530,00	8.530,00

Für die Übertragung der Aufwands- und Ertragssalden in das **GuV-Konto** ist wie bei anderen Geschäftsvorgängen auch ein Buchungssatz erforderlich. Im Journal ergeben sich damit folgende Eintragungen:[2]

2 Diese Buchungen bereiten den Abschluss des Geschäftsjahres vor und werden daher **vorbereitende Abschlussbuchungen** genannt.
→ LF 6, Kap. 3.3.3

#	Beleg-Nr.	Soll	€	Haben	€
420	IB360	8020 GuV-Konto	1.228.670,00	6000 Aufwand für Rohstoffe	1.228.670,00
421	IB361	8020 GuV-Konto	57.650,00	6030 Aufwand für Betriebsstoffe	57.650,00
422	IB362	8020 GuV-Konto	231.650,00	6200 Fertigungslöhne	231.650,00
423	IB363	8020 GuV-Konto	857.350,00	6300 Gehälter	857.350,00
424	IB364	8020 GuV-Konto	34.300,00	6800 Büromaterial	34.300,00
425	IB365	8020 GuV-Konto	8.530,00	6870 Werbekosten	8.530,00
426	IB366	8020 GuV-Konto	46.730,00	7510 Zinsaufwendungen	46.730,00
427		8020 GuV-Konto	338.200,00	sonstige Aufwendungen[3]	338.200,00
				...	

3 Zur besseren Übersicht sind die Salden mehrerer Konten zusammengefasst.

Der Abschluss des Geschäftsjahres

87

#	Beleg-Nr.	Soll	€	Haben	€
428	IB367	5000 Umsatzerlöse eigene Erzeugnisse	2.189.000,00	8020 GuV-Konto	2.189.000,00
429	IB368	5100 Umsatzerlöse Handelswaren	756.900,00	8020 GuV-Konto	756.900,00
430	IB369	5900 sonstige betriebliche Erträge	14.750,00	8020 GuV-Konto	14.750,00

Der tatsächlich vorhandene **Erfolg**[1] wird durch den Saldo des GuV-Kontos dargestellt.

1 **Erfolg:**

Aufwendungen > Erträge = Verlust

Aufwendungen < Erträge = Gewinn

Soll	8020 Gewinn- und Verlustkonto		Haben
6000 Aufwand für Rohstoffe	1.228.670,00	5000 Umsatzerlöse eigene Erzeugnisse	2.189.000,00
6030 Aufwand für Betriebsstoffe	57.650,00	5100 Umsatzerlöse Handelsware	756.900,00
6200 Fertigungslöhne	231.650,00	5900 sonstige betriebliche Erträge	14.750,00
6300 Gehälter	857.350,00		
6800 Büromaterial	34.300,00		
6870 Werbekosten	8.530,00		
7510 Zinsaufwendungen	46.730,00		
sonstige Aufwendungen	338.200,00		
Saldo (= Gewinn)	157.570,00		
	2.960.650,00		2.960.650,00

Beispiel Für das abgelaufene Geschäftsjahr ergibt sich bei der BE Partners KG ein Gesamterfolg von 157.570,00 €. Da die Erträge größer sind als die Aufwendungen, steht der Saldo auf der linken Seite des GuV-Kontos. Es handelt sich also um einen **Gewinn**.

Merke! Der ermittelte Erfolg (Gewinn oder Verlust) fasst alle erfolgswirksamen Geschäftsvorgänge innerhalb eines Geschäftsjahres zusammen. Der Erfolg bezieht sich daher immer auf einen bestimmten Zeitraum (**Zeitraumbetrachtung**).

Bei der BE Partners KB wird ein erfolgreiches Geschäftsjahr gefeiert.

8.1.2 Kann man mit dem Gewinn zufrieden sein?

Diese Frage ist gar nicht so einfach zu beantworten, denn dafür muss zuerst geklärt werden, wie viel Kapital die Eigentümer der BE Partners KG überlassen haben. Mit dem zu Beginn des Geschäftsjahres zur Verfügung gestellten Eigenkapital[1] wird der Gewinn erwirtschaftet. Im Falle von Rolf Bastian und Dörthe Epstein ist es das jeweilige Eigenkapital, das dem Unternehmen in Form von Maschinen, Büroausstattung, Bankguthaben usw. zur Verfügung steht. Setzt man nun den Erfolg zum eingesetzten Eigenkapital ins Verhältnis, so ergibt sich die **Eigenkapitalrentabilität**.[2]

Beispiel Im vergangenen Geschäftsjahr konnte die BE Partners KG einen Gewinn von 157.570,00 € erzielen. Dieser soll den beiden Eigentümern auf ihrem Eigenkapitalkonto gutgeschrieben werden.

Merke!
$$\text{Eigenkapitalrentabilität} = \frac{\text{Gewinn[3]} \cdot 100\,\%}{\text{Eigenkapital zu Beginn des Geschäftsjahres}}$$

Ob die Eigentümer der BE Partners KG nun mit der erzielten Rentabilität zufrieden sein können oder nicht, hängt davon ab, inwieweit die zu Beginn des Jahres gesetzten Ziele[4] erreicht werden konnten. Darüber hinaus kann auch ein Vergleich mit Werten aus der Vergangenheit oder mit anderen Unternehmen im Rahmen eines Branchenvergleiches Klarheit schaffen. Letztlich muss bei der **Bewertung der Eigenkapitalrentabilität** überlegt werden, ob eine alternative Kapitalanlage z.B. bei einer Bank oder in einer Immobilie einen höheren Erfolg (z.B. höhere Zinsen) erwirtschaften könnte. Dann würde es sich lohnen, das Unternehmen aufzulösen und das Kapital anderweitig anzulegen, um eine höhere Rendite zu erzielen.

Merke! Die Eigenkapitalrentabilität gibt Auskunft darüber, wie sich durch die wirtschaftlichen Aktivitäten des Unternehmens das Eigenkapital innerhalb eines Geschäftsjahres verzinst hat.

Neben der Rentabilität stellt sich außerdem die Frage, wie effizient bzw. ressourcenschonend im Leistungsbereich des Unternehmens gearbeitet wird. Diese Frage kann mit der Kennzahl der **Wirtschaftlichkeit** beantwortet werden.

Merke!
$$\text{Wirtschaftlichkeit[7]} = \frac{\text{Ertrag}}{\text{Aufwand}} = \frac{\text{Output[5] der Produktion}}{\text{Input[6] der Produktion}}$$

Lässt sich z.B. mit einem geringeren Einsatz von Produktionsfaktoren der gleiche oder sogar ein höherer Ertrag erzielen, verbessert sich die Wirtschaftlichkeit. Gleichzeitig kann durch die gesunkenen Aufwendungen ein größerer Gewinn erzielt werden. Dies verbessert wiederum die Eigenkapitalrentabilität.

Merke! Die Wirtschaftlichkeit gibt Auskunft darüber, wie effizient oder ressourcenschonend im Leistungsbereich des Unternehmens gearbeitet wird.

Wirtschaftlichkeit > 1 = wirtschaftlich (Betriebsgewinn)
Wirtschaftlichkeit < 1 = unwirtschaftlich (Betriebsverlust)

1 Eigenkapital
➜ LF 6, Kap. 6.4

2 engl.: return on equity (ROE)
equity = Eigenkapital
return = Rendite

3 Bei einem Verlust wird dieser mit einem negativen Vorzeichen in die Formel eingesetzt und führt damit zu einer negativen Eigenkapitalrentabilität.

4 Unternehmensziele
➜ FK 1, LF 1, Kap. 3.1

5 Output:
hergestellte Güter und Dienstleistungen zum jeweiligen Marktpreis

6 Input:
Arbeitsstunden, Materialverbrauch usw. zum jeweiligen Einkaufspreis

7 Betrachtet man nur den mengenmäßigen Input und Output, spricht man auch von der **Produktivität**.

8.1.3 Die Verwendung des erwirtschafteten Gewinns

Beispiel Auf dem Büroflur trifft Frau Wagner ihre Kollegin Kerstin Voigt aus dem Versand: „Und, Frau Wagner, wie sieht es aus: Hat sich die harte Arbeit im letzten Jahr denn gelohnt?" „Ach, hallo, Frau Voigt. Ja, es sieht gut aus, Rolf Bastian und Dörthe Epstein können wieder auf ein erfolgreiches Geschäftsjahr zurückblicken." „Und ist schon bekannt, wofür der Gewinn der BE Partners KG verwendet wird?"

Die BE Partners KG und jedes andere Unternehmen verfolgen während eines Geschäftsjahres das Ziel, Gewinn zu erwirtschaften. Ganz unterschiedlich fällt jedoch die Verwendung des erwirtschafteten Gewinns aus.

– Rolf Bastian und Dörthe Epstein als Eigentümer des Unternehmens stellen neben ihrer persönlichen Arbeitsleistung auch Sachmittel und Kapital bereit. Als Gegenleistung haben sie damit einen Anspruch auf den **erzielten Gewinn** und können sich diesen **auszahlen** (man sagt: **ausschütten**) lassen.[1]

– Alternativ kann der Gewinn auch im Unternehmen als **Gewinnrücklage** belassen werden. Auf diese Weise wird **zusätzliches Eigenkapital** geschaffen, das für künftige Investitionen (z. B. für die Instandhaltung, die technische Modernisierung oder die Erweiterung des Maschinenparks) verwendet werden kann. Dieses Vorgehen bezeichnet man als **Gewinnthesaurierung**.

– Eine ganz besondere Form der Gewinnverwendung stellt die **Beteiligung der Mitarbeiter am Gewinn** dar. Ein Gewinn ist immer auch auf die Arbeitsleistung der Mitarbeiter zurückzuführen. Durch die Ausschüttung eines Teils des Gewinns als Prämie an die Mitarbeiter wird deren Motivation gestärkt. Prämienlohnsysteme stärken die Identifikation der Mitarbeiter mit dem Unternehmen.[2]

Unabhängig von der Verwendung steht der Gewinn zunächst den Eigentümern zu und muss daher aus dem GuV-Konto auf das Eigenkapitalkonto von Rolf Bastian und Dörthe Epstein umgebucht werden.[3] Er erscheint dort als Habenbuchung, weil sich die Eigentumsansprüche der beiden Eigentümer durch den Gewinn erhöht haben und sie sich diesen in der Zukunft auszahlen lassen können.

1 Eigentümer einer Einzelunternehmung, OHG oder KG erhalten kein festes monatliches Gehalt. Der Gewinnanspruch ist damit ihr jährlicher Verdienst.

2 Prämienlohn
➔ LF 8, Kap. 7.1.3

3 Auf eine genaue Aufteilung nach Kapitalanteilen für Komplementär (Bastian) und Kommanditist (Epstein) soll an dieser Stelle verzichtet werden.

Beispiel Im vergangenen Geschäftsjahr konnte die BE Partners KG einen Gewinn von 157.570,00 € erzielen. Dieser soll den beiden Eigentümern auf ihrem Eigenkapitalkonto gutgeschrieben werden.

#	Beleg-Nr.	Soll	€	Haben	€
431	IB370	8020 GuV-Konto	157.570,00	3000 Eigenkapital	157.570,00

Soll	3000 Eigenkapital (Sammelkonto für Bastian und Epstein)		Haben
	vorhandenes Kapital	640.000,00	
	431 GuV-Konto (Gewinn)	157.570,00	

Bei einem Verlust vermindern sich hingegen die Eigentumsansprüche der Inhaber. Für die BE Partners KG würde dies bedeuten, dass die Rückzahlungsansprüche sinken und dadurch zu einer Sollbuchung beim Eigenkapital führen.

8.2 Auch Vermögens- und Schuldenwerte verändern sich

Beispiel „Hast Du die ersten Gewinnprognosen schon gesehen, Rolf?", wendet sich Dörthe Epstein an ihren Geschäftspartner. „Ja und die machen bislang einen guten Eindruck. Allerdings fürchte ich, dass wir langfristig vielleicht nicht viel davon haben werden. Denn es sind noch viele ausstehende Verbindlichkeiten vorhanden und der aufgenommene Kredit ist auch noch nicht getilgt …"

1 Auch Wertminderungen durch Abschreibungen verringern Vermögenswerte
→ LF 6, Kap. 7

Ohne Zweifel ist die Höhe des Gewinnes bzw. Verlustes die spannendste Frage am Ende eines Geschäftsjahres. Im Laufe des Jahres verändern sich aber auch viele weitere Konten bei der BE Partners KG: angefangen bei den Vorräten und den Lagerbeständen der Absatzprodukte bis hin zu Neuanschaffungen des Fuhrparks, der Betriebsausstattung oder eben neuen Kreditverpflichtungen.[1]

Die wirtschaftliche Lage und die Zukunft eines Unternehmens werden durch diese Veränderungen beeinflusst. Um sich dieser Tatsache bewusst zu werden, verlangt der Gesetzgeber von jedem Unternehmen eine jährliche Aufstellung.

§ 242 HGB Pflicht zur Aufstellung
(1) Der Kaufmann hat [...] für den Schluß eines jeden Geschäftsjahrs einen das Verhältnis seines Vermögens und seiner Schulden darstellenden Abschluß (Eröffnungsbilanz, Bilanz) aufzustellen. [...]

Vor diesem Hintergrund werden bei der BE Partners KG für alle Vermögens- und Schuldenkonten zunächst die Endbestände (Salden) ermittelt und im SBK zusammengefasst.[2]

2 SBK (Schlussbestandskonto)
→ LF 6, Kap. 3.2.4

3 GuG = Grundstücke und Gebäude

4 Anmerkung zur Darstellung: Es handelt sich hierbei um Sammelbuchungen, um im T-Konto die Übersicht zu wahren.

5 BGA = Betriebs- und Geschäftsausstattung

6 HW = Handelswaren

7 UE eE = Umsatzerlöse eigene Erzeugnisse

Soll	0510 GuG[3]		Haben
[4] Verb.	450.000,00	Saldo	450.000,00
	450.000,00		450.000,00

Soll	0700 Maschinen		Haben
[4] Verb.	370.000,00	Saldo	377.500,00
287 Verb.	7.500,00		
	377.500,00		377.500,00

Soll	0850 BGA[5]		Haben
[4] Verb.	330.000,00	353 Bank	1.750,00
		Saldo	328.250,00
	330.000,00		330.000,00

Soll	2400 Forderungen LuL		Haben
[4] ...	2.271.484,00	[4] ...	2.022.235,00
372 UE HW[6]	2.386,00	415 Bank	8.375,00
386 UE eE[7]	18.470,00	Saldo	261.730,00
	2.292.340,00		2.292.340,00

Soll	2880 Kasse		Haben
[4] ...	79.710,00	[4] ...	70.000,00
365 Verb.	3.490,00	420 Büromat.	350,00
		Saldo	12.850,00
	83.200,00		83.200,00

Soll	2800 Bankguthaben		Haben
[4] ...	660.970,00	[4] Verb.	587.260,00
437 Verb.	45.720,00	382 Verb.	71.230,00
		Saldo	48.200,00
	706.690,00		706.690,00

Soll	3000 Eigenkapital		Haben
Saldo	797.570,00	[4] ...	640.000,00
		320 GuV	157.570,00
	797.570,00		797.570,00

Soll	4400 Verbindlichkeiten LuL		Haben
[4]	1.436.650,00	[4]	1.495.100,00
394 Bank	71.350,00	398 Rohst.	175.400,00
Saldo	162.500,00		
	1.670.500,00		1.670.500,00

Soll	8010 Schlussbestandskonto		Haben
0510 GuG	450.000,00	3000 Eigenkapital	797.570,00
0700 Maschinen	377.500,00	4400 Verbindlichkeiten LuL	162.500,00
0850 BGA	328.250,00	sonst. Schuldenwerte[7]	1.430.430,00
2400 Forderungen LuL	261.730,00		
2800 Bankguthaben	48.200,00		
2880 Kasse	12.850,00		
sonst. Vermögenswerte[1]	911.970,00		
	2.390.500,00		2.390.500,00

1 Zur besseren Übersicht sind die Salden mehrerer Konten zusammengefasst.

Durch einen Vergleich mit den Werten der Vorjahre können Veränderungen in den einzelnen Vermögens- und Schuldenpositionen ermittelt und analysiert werden. Ein besonderes Augenmerk wird dabei regelmäßig auf die **Kapitalkonten** (Eigen- und Fremdkapital) gelegt.

Die **Kapitalstruktur** gibt Auskunft über das Verhältnis von Eigen- und Fremdkapital zueinander bzw. zum insgesamt vorhandenen Kapital. Zum Vergleich mit dem Vorjahr oder mit anderen Unternehmen errechnet man häufig folgende Kennzahlen:

$$\text{Eigenkapital-Quote} = \frac{\text{Eigenkapital} \cdot 100\,\%}{(\text{Eigenkapital} + \text{Fremdkapital})^2}$$

$$\text{Fremdkapital-Quote} = \frac{\text{Fremdkapital} \cdot 100\,\%}{(\text{Eigenkapital} + \text{Fremdkapital})}$$

$$\text{Verschuldungsgrad} = \frac{\text{Fremdkapital} \cdot 100\,\%}{\text{Eigenkapital}}$$

2 Eigenkapital + Fremdkapital = Gesamtkapital

Merke! Das SBK fasst die Salden aller Vermögens- und Schuldenpositionen sowie des Eigenkapitals zu einem bestimmten Stichtag (am Ende des Geschäftsjahres) zusammen. Diese Salden nennt man daher auch **Endbestände**. Es handelt sich dabei um eine **Stichtagsbetrachtung.**

Alles klar?

1 Erläutern Sie den Begriff des Geschäftsjahres. Charakterisieren Sie dabei auch das Geschäftsjahr bei der BE Partners KG und in Ihrem Ausbildungsbetrieb hinsichtlich Beginn und Ende.

2 Weshalb werden die wirtschaftlichen Aktivitäten bei der BE Partners KG in einzelne Geschäftsjahre unterteilt? Nennen und erläutern Sie verschiedene Aspekte hierzu.

3 Manchmal kommen sogenannte Rumpfgeschäftsjahre zustande. Warum ist das so?

4 Erläutern Sie anhand eines passenden Beispiels, was man unter vorbereitenden Abschlussbuchungen versteht.

5 Zum Ende des Geschäftsjahres muss der Unternehmer einen Überblick über das vorhandene Vermögen sowie seine Schulden erstellen.

a) Erläutern Sie mögliche Gründe für diese gesetzliche Vorschrift.
b) Welche Bedeutung hat in diesem Zusammenhang die Inventur (vgl. Kapitel 2)?

6 Am Ende eines Geschäftsjahres wird nach Feststellung des Erfolgs oftmals die Eigenkapitalrentabilität ermittelt.

   a) Erläutern Sie, was darunter zu verstehen ist und wie man diese Kennzahl berechnet.

   b) Beschreiben Sie, warum diese Kennzahl berechnet wird.

   c) Ein Unternehmen hat eine Eigenkapitalrentabilität von 8,5 % erzielt. Welche Erkenntnisse können Sie daraus folgern?

7 Zum Abschluss eines Geschäftsjahres liegen folgende Kontensalden vor: Büromaterial 22.500,00 €, Löhne und Gehälter 356.500,00 €, Handelswarenaufwand 198.500,00 €, sonstige Aufwendungen 84.900,00 €, Umsatzerlöse für Handelswaren 395.650,00 €, Zinserträge 71.350,00 €, sonstige Erträge 218.450,00 €.

   a) Ermitteln Sie die Höhe und Art des Erfolges.

   b) Das Unternehmen verfügt zu Beginn des Geschäftsjahres über ein Eigenkapital von 650.000,00 €. Ermitteln Sie die Höhe der Eigenkapitalrentabilität.

   c) Für das kommende Geschäftsjahr möchte der Eigentümer eine Mindestrentabilität von 5,0 % erzielen. Durch welche Maßnahmen könnte er dieses Ziel erreichen? Beschreiben Sie jeweils auch die Auswirkungen auf die Höhe des Erfolges.

8 Begründen Sie, weshalb man bei der Ermittlung der Eigenkapitalrentabilität das Eigenkapital zu Beginn des Geschäftsjahres zu Grunde legt.

9 Welche Möglichkeiten zur Verwendung des Gewinns hat die BE Partners KG?

10 Vom erwirtschafteten Gewinn lässt sich Rolf Bastian seinen Anteil in Höhe von 8.500,00 € auf sein privates Girokonto auszahlen. Wie ist dieser Vorgang zu buchen?

11 Beschreiben und erläutern Sie, wie durch Eigenkapitalvergleich der Erfolg eines Geschäftsjahres ermittelt werden kann.

12 In der Buchführung spricht man von Abschlussbuchungen und vorbereitetenden Abschlussbuchungen. Erläutern Sie anhand passender Beispiele den Unterschied.

13 Nehmen Sie die Bilanz der BE Partners KG (vgl. Kapitel 9 oder das inhaltsgleiche Schlussbestandskonto aus Kapitel 8.2) zur Hand und errechnen Sie folgende Kennzahlen:

   a) – Eigenkapital-Quote
      – Fremdkapital-Quote
      – Verschuldungsgrad

   b) Welche Rückschlüsse lassen sich aus diesen Kennzahlen gewinnen?

14 Ein Unternehmen weist einen Verschuldungsgrad von 147,83 % auf. Die Eigenkapitalquote liegt bei 40,35 %. Die Höhe des Gesamtkapitals beträgt 903.500,00 €. Ermitteln Sie die Höhe des Eigen- und des Fremdkapitals.

15 Bei einem vorhandenen Fremdkapital i. H. v. 425.000,00 € beträgt die Fremdkapitalquote 77,27 %. Ermitteln Sie die Höhe des Eigenkapitals.

16 Begründen Sie, warum die Quoten für das Eigenkapital und das Fremdkapital zusammen immer 100 % ergeben müssen.

9 Useful office vocabulary

Warm-up – Balance sheet

Compare this balance sheet with the German version on p. 18.

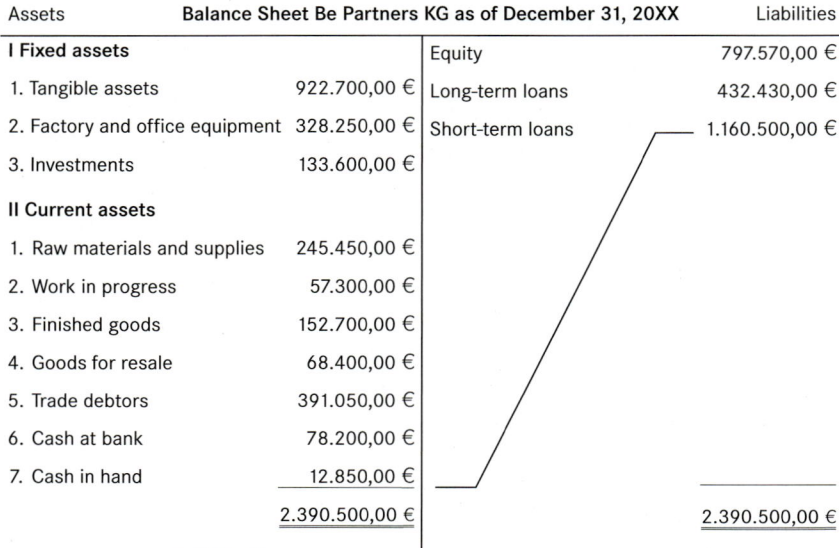

Assets	Balance Sheet Be Partners KG as of December 31, 20XX		Liabilities
I Fixed assets		Equity	797.570,00 €
1. Tangible assets	922.700,00 €	Long-term loans	432.430,00 €
2. Factory and office equipment	328.250,00 €	Short-term loans	1.160.500,00 €
3. Investments	133.600,00 €		
II Current assets			
1. Raw materials and supplies	245.450,00 €		
2. Work in progress	57.300,00 €		
3. Finished goods	152.700,00 €		
4. Goods for resale	68.400,00 €		
5. Trade debtors	391.050,00 €		
6. Cash at bank	78.200,00 €		
7. Cash in hand	12.850,00 €		
	2.390.500,00 €		2.390.500,00 €

Bonn, 31.12.20XX *Rolf Bastian*

to write off / to depreciate	abschreiben
depreciation	Abschreibung
asset account	Aktivkonto
to sell on credit	auf Ziel verkaufen
expense	Aufwand
payout	Auszahlung
burdened	belastet
receipt	Beleg
to take into account	berücksichtigen
balance sheet	Bilanz
bookkeeper / accountant	Buchhalter
accounting record	Buchungssatz
deposit	Einzahlung
outcome	Ergebnis
revenue	Ertrag
profit	Gewinn
journal	Grundbuch
credit	Haben

general ledger	Hauptbuch
domestic	inländisch
inventory	Inventar
to take inventory	eine Inventur machen
actual stock	Istbestand
cash book	Kassenbuch
chart of accounts	Kontenplan
account	Konto
bank statement	Kontoauszug
(costs) incurred by s. o.	(Kosten), die jemandem entstehen
liability account	Passivkonto
invoice	Rechnung
legitimate	rechtmäßig
residual value	Restwert
to balance	saldieren
scrap value	Schrottwert
debit	Soll
target stock	Sollbestand
turnover	Umsatz
value added tax (VAT)	Umsatzsteuer (USt.)
commitment	Verpflichtung
inventory	Waren- oder Lagerbestand

Useful Accounting Idioms

red flag – a warning about a problem: Our accountant raised a red flag in regards to the offer.	Warnung vor einem Problem: Unser Buchhalter hat uns vor dem Angebot gewarnt.
ballpark – an estimate or range: Do you have a ballpark figure for the costs?	Eine ungefähre Zahl/Summe angeben: Haben Sie eine ungefähre Summe für die Kosten?
hot water – in trouble: Our company is in hot water now.	In Schwierigkeiten stecken: Unser Unternehmen ist in echten Schwierigkeiten.
to rock the boat – to cause trouble: I am trying to rock the boat as little as possible.	Unruhe/Ärger verursachen: Ich versuche so wenig Unruhe wie möglich zu verursachen.
in the same boat – in the same situation	Wir sitzen alle im selben Boot.
to keep an eye on something – to watch over something: We really need to keep an eye on this project and make sure things don't get any worse.	Ein wachsames Auge auf etwas haben: Wir müssen dieses Projekt sehr genau beobachten um sicher zu stellen, dass es nicht schlechter wird.

Stichwortverzeichnis